Simone Véronique Fannang

Etude phytochimique et activités biologiques

Simone Véronique Fannang

Etude phytochimique et activités biologiques

Drypetes laciniata et Rauvolfia vomitoria

Presses Académiques Francophones

Impressum / Mentions légales

Bibliografische Information der Deutschen Nationalbibliothek: Die Deutsche Nationalbibliothek verzeichnet diese Publikation in der Deutschen Nationalbibliografie; detaillierte bibliografische Daten sind im Internet über http://dnb.d-nb.de abrufbar.

Alle in diesem Buch genannten Marken und Produktnamen unterliegen warenzeichen-, marken- oder patentrechtlichem Schutz bzw. sind Warenzeichen oder eingetragene Warenzeichen der jeweiligen Inhaber. Die Wiedergabe von Marken, Produktnamen, Gebrauchsnamen, Handelsnamen, Warenbezeichnungen u.s.w. in diesem Werk berechtigt auch ohne besondere Kennzeichnung nicht zu der Annahme, dass solche Namen im Sinne der Warenzeichen- und Markenschutzgesetzgebung als frei zu betrachten wären und daher von jedermann benutzt werden dürften.

Information bibliographique publiée par la Deutsche Nationalbibliothek: La Deutsche Nationalbibliothek inscrit cette publication à la Deutsche Nationalbibliografie; des données bibliographiques détaillées sont disponibles sur internet à l'adresse http://dnb.d-nb.de.

Toutes marques et noms de produits mentionnés dans ce livre demeurent sous la protection des marques, des marques déposées et des brevets, et sont des marques ou des marques déposées de leurs détenteurs respectifs. L'utilisation des marques, noms de produits, noms communs, noms commerciaux, descriptions de produits, etc, même sans qu'ils soient mentionnés de façon particulière dans ce livre ne signifie en aucune façon que ces noms peuvent être utilisés sans restriction à l'égard de la législation pour la protection des marques et des marques déposées et pourraient donc être utilisés par quiconque.

Coverbild / Photo de couverture: www.ingimage.com

Verlag / Editeur:
Presses Académiques Francophones
ist ein Imprint der / est une marque déposée de
OmniScriptum GmbH & Co. KG
Heinrich-Böcking-Str. 6-8, 66121 Saarbrücken, Deutschland / Allemagne
Email: info@presses-academiques.com

Herstellung: siehe letzte Seite /
Impression: voir la dernière page
ISBN: 978-3-8381-4507-5

Zugl. / Agréé par: Yaoundé, Université de Yaoundé I, 2011

Copyright / Droit d'auteur © 2014 OmniScriptum GmbH & Co. KG
Alle Rechte vorbehalten. / Tous droits réservés. Saarbrücken 2014

DEDICACE

Je dédie affectueusement ce travail:

A la mémoire de ma mère KEMOGNE Julienne
A la mémoire de mon père LIESSI Jean
A mon frère TEGUEM Elie

REMERCIEMENTS

Mes sincères remerciements vont:

Au Professeur J. WANDJI, enseignant au Département de Chimie Organique de l'Université de Yaoundé I qui m'a proposé et supervisé ce travail et qui, au cours de sa réalisation, n'a cessé de m'encourager et me faire partager sa grande expérience en chimie organique. Qu'il trouve ici l'expression de ma sincère reconnaissance.

Au Professeur A. E. NKENGFACK, Chef de Département de Chimie Organique de l'Université de Yaoundé I pour ses multiples conseils et tous les efforts qu'il consent afin d'assurer la formation et la réussite des étudiants.

Au feu Professeur F. TILLEQUIN et au Dr. H. TRINH-VAN-DUFAT de la Faculté des Sciences Pharmaceutiques et Biologiques de l'Université Paris Descartes, France, pour l'enregistrement des spectres des composés isolés.

Aux professeurs E. SEGUIN et P. VERITE de l'Université de Rouen, France, pour l'enregistrement des spectres de masse des composés.

A la Fondation Internationale pour la Science (F.I.S) basée en Suède dont les financements partiels N^0 F/2624 – 2 et F/2624 – 3 ont permis de réaliser ce travail.

Aux enseignants du Département de Chimie Organique de la Faculté des Sciences de l'Université de Yaoundé I pour leurs suivis académiques.

Au Professeur T. DIMO, enseignant au Département de Biologie et Physiologie Animale de l'Université de Yaoundé I pour mon accueil dans son laboratoire où des tests anti-inflammatoires ont pu être effectués.

Au Dr V. KUETE, enseignant au Département de Biochimie de l'Université de Dschang pour mon accueil dans leur laboratoire où des tests anti microbiens ont été effectués.

Aux Dr C. D. MBAZOA et J. KOUAM pour les conseils et encouragements.

Au Pr J. D. WANSI, Dr M. D. DONGFACK et I. J. MOMO pour l'enregistrement des spectres RMN des composés.

Aux aînés de l'équipe de recherche: Dr J. SHI SHIRRI, Dr D. D. CHIOZEM, Dr M. D. DONGFACK, Dr R. TCHOKOUAHA, I. J. MOMO, X. SIEWE, S AWANCHIRI et S. F. FOMUM pour l'assistance, les conseils et les encouragements.

Aux amis de l'équipe de recherche: P. M. KAZE, A. LADO, V. NENKEP, L. B. DJOUAKA, S. M. DONKWE, A. TADJONG, F. T. TCHAMO, S. KEMOE, A G. NGEBACHI, J. SOH, E. DJUIDJE, G. GAKOU, S. DJEUKENG, C. YOMI, M. MALLA et C. NELO pour les encouragements et les bons moments passés ensemble sur la paillasse lors de la réalisation de ce travail.

Aux collègues ATER (Attaché d'Enseignement et de Recherche) du Département de Chimie Organique de l'Université de Yaoundé I: Dr. T. NDONGO, T. ABDOU et B. NDEMANGOU pour les encouragements et les moments difficiles passés ensemble.

A mes frères E. TEGUEM, R. L. CHEBE, T. L. TCHOUMBE et A. G. MOKATHE pour leur soutien financier, moral et matériel sans faille. Qu'ils trouvent ici l'expression de ma plus haute considération.

A mes sœurs J. TCHOUANCHE et J. NGABE pour les conseils et encouragements.

A mes neveux et nièces, que ce travail leur serve d'exemple.

A mes belles sœurs pour les encouragements.

A mes tantes, oncles, cousins et cousines pour leurs encouragements.

Aux membres de la chorale les séraphins de l'EEC (Eglise Evangélique du Cameroun) paroisse de Biyem Assi pour les moments de louanges qui m'ont aidé à surmonter plusieurs difficultés.

Aux membres de l'AGEEBA (Association des Elèves et Etudiants Bapa de Yaoundé) pour leurs encouragements.

A mes amis et plus particulièrement à E. MEKUATHE, I. YEPMENI, G. S. SANDJO, A. KAPKOUMI, V. MADOMCHE, B. S. TCHINDA, F. DJOUOGHOU et S. NJOUNHOU pour l'assistance et les encouragements.

A tous ceux qui de près ou de loin ont participé à la réalisation de ce travail.

A Dieu tout puissant pour sa miséricorde insondable.

SOMMAIRE

	Pages
DEDICACE	i
REMERCIEMENTS	ii
SOMMAIRE	iv
ABREVIATIONS ET SYMBOLES	vi
LISTE DES TABLEAUX	viii
LISTE DES FIGURES	x
LISTE DES SCHEMAS	xii
RESUME	xiii
ABSTRACT	Xv
INTRODUCTION GENERALE	1

CHAPITRE I: REVUE DE LA LITTERATURE

I.1. ASPECTS BOTANIQUES ET USAGES	5
I.1.1. ASPECTS BOTANIQUES ET USAGES DU GENRE *DRYPETES* (EUPHORBIACEAE)	5
I.1.2. ASPECTS BOTANIQUES ET USAGES DU GENRE *RAUVOLFIA* (APOCYNACEAE)	12
I.2. TRAVAUX CHIMIQUES ET BIOLOGIQUES ANTERIEURS	19
I.2.1. TRAVAUX CHIMIQUES ET BIOLOGIQUES ANTERIEURS SUR LE GENRE *DRYPETES*	19
I.2.2. TRAVAUX CHIMIQUES ET BIOLOGIQUES ANTERIEURS SUR LE GENRE *RAUVOLFIA*	35
I.3. ACTIVITES BIOLOGIQUES	46
I.3.1. ACTIVITE ANTIMICROBIENNE	46
I.3.2. ACTIVITE ANTI-INFLAMMATOIRE	49

CHAPITRE II: RESULTATS ET DISCUSSION

II.1. INTRODUCTION 53
II.2. ELUCIDATION OU IDENTIFICATION DES STRUCTURES DES COMPOSES ISOLES 58
II.2.1. ELUCIDATION OU IDENTIFICATION DES STRUCTURES DES COMPOSES ISOLES DE *DRYPETES LACINIATA* 58
II.2.2. ELUCIDATION OU IDENTIFICATION DES STRUCTURES DES COMPOSES ISOLES DE *RAUVOLFIA VOMITORIA* 82
II.3. QUELQUES TRANSFORMATIONS CHIMIQUES 108
II.3.1. REACTIONS D'ACETYLATION 108
II.3.2. REACTIONS D'OXYDATION 109
II.4. ACTIVITES BIOLOGIQUES DES EXTRAITS ET DE QUELQUES COMPOSES ISOLES 110
II.4.1. ACTIVITE ANTIMICROBIENNE 110
II.4.2. ACTIVITE ANTI-INFLAMMATOIRE.. 111
CONCLUSION GENERALE ET PERSPECTIVES................................. 114
CHAPITRE III: MATERIELS ET METHODES
III.1. APPAREILLAGE.. 117
III.2. MATERIELS.. 119
III.2.1. MATERIEL VEGETAL... 119
III.2.2. MATERIEL BIOLOGIQUE... 119
III.3. EXTRACTION ET ISOLEMENT DES COMPOSES..................... 122
III.3.1. EXTRACTION ET ISOLEMENT DES COMPOSES DE *DRYPETES LACINIATA*... 122
II.3.2. EXTRACTION ET ISOLEMENT DES COMPOSES DE *RAUVOLFIA VOMITORIA*... 126
CARACTERISTIQUES PHYSICO-CHIMIQUES DES COMPOSES ISOLES.... 135
REFERENCES BIBLIOGRAPHIQUES... 140

ABREVIATIONS ET SYMBOLES

AE	: Acétate d'Ethyle
CC	: Chromatographie sur Colonne
CCM	: Chromatographie sur Couche Mince
COSY	: *Correlated Spectroscopy*
DEPT	: *Distortionless Enhancement by Polarization Transfer*
HMBC	: *Heteronuclear Multiple Bond Coherence*
HMQC	: *Heteronuclear Multiple Quantum Coherence*
HSQC	: *Heteronuclear Single Quantum Coherence*
DMSO	: Diméthylsulfoxyde
Hex	: Hexane
IE	: Impact Electronique
IR	: Infrarouge
ESI	: *Electrospray Ionisation*
UV	: Ultra Violet
J (Hz)	: Constance de couplage exprimée en Hz
MHz	: Mega Hertz
Ppm	: Partie par million
RMN 2D	: Résonance Magnétique Nucléaire à deux dimensions
RMN 1D	: Résonance Magnétique Nucléaire à une dimension
RMN ^{13}C	: Résonance Magnétique Nucléaire du Carbone 13
RMN ^{1}H	: Résonance Magnétique Nucléaire du Proton
CMI	: Concentration Minimale d'Inhibition
MIC	: Minimal Inhibition Concentration
m/z	: Masse / charge
NOESY	: *Nuclear Overhauser Enhancement Spectroscopy*
SM	: Spectrométrie de Masse
δ	: Echelle de déplacement chimique

M	: Multiplet
D	: Doublet
Dd	: Doublet dédoublé
S	: Singulet
P.F.	: Point de Fusion
DIC	: *Désorption Ionisation Chimique*
M^+	: Ion parent
R.D.A.	: Rétro Diels Ader
FAB MS	: *Fast Atom Bombardment Mass Spectroscopy*
INT	: Iodonitrotetrazolim

LISTE DES TABLEAUX

		Pages
Tableau I	Place de *Drypetes laciniata* Hutch dans la systématique	8
Tableau II	Espèces de *Drypetes* recensées en Afrique	9
Tableau III	Place de *Rauvolfia vomitoria* Afzel dans la systématique	15
Tableau IV	Répartition géographique de *Rauvolfia vomitoria* au Cameroun	16
Tableau V	Tableau récapitulatif des composés isolés des deux plantes	57
Tableau VI	Données spectrales de RMN ^{13}C (75 MHz) et ^{1}H (300 MHz) du composé DL_7 dans la pyridine (D_5)	64
Tableau VII	Données spectrales de RMN ^{13}C (75 MHz, $CDCl_3$) des composés DL_1, DL_2 et DL_3 comparées à celles des composés (**32**), (**12**) et (**140**) ($CDCl_3$)	70
Tableau VIII	Données spectrales de RMN ^{13}C des composés DL_5 (75 MHz, pyridine) et DL_6 (75 MHz, $CDCl_3$) comparées à celles des composés (**14**) ($CDCl_3$) et (**141**) (D_5)	74
Tableau IX	Données spectrales de RMN ^{13}C des composés DL_9 (75 MHz, DMSO) et DL_{10} (75 MHz, D_5) comparées à celles des composés (**142**) et (**143**) (D_5)	81
Tableau X	Données spectrales de RMN ^{13}C (75 MHz) et ^{1}H (300 MHz) du composé $RV_3^{(a)}$ dans le $CDCl_3$	89
Tableau XI	Données spectrales de RMN ^{13}C des composés RV_4 (75 MHz, D_5) et RV_5 (75 MHz, DMSO) comparées à celles des composés **146** et **147** ($CDCl_3$)	98
Tableau XII	Données spectrales de RMN ^{13}C (75 MHz) et ^{1}H (300 MHz) du composé R_3 dans la pyridine	102
Tableau XIII	Autres composés isolés des écorces du tronc de *Rauvolfia vomitoria*	102

Tableau XIV	Autres composés isolés des écorces des racines de *Rauvolfia vomitoria*	107
Tableau XV	Concentrations minimales inhibitrices (CMI) (µg/ml) des extraits et quelques composés	110
Tableau XVI	Effets des extraits au méthanol des tiges de *D. laciniata* et des feuilles de *R. vomitoria* sur l'inflammation induite par la carragéenine sur la patte du rat	114
Tableau XVII	Pourcentage d'inhibition de l'inflammation induite par la carragéenine sur la patte du rat traitée à l'extrait au MeOH des tiges de *D. laciniata* et des feuilles de *R. vomitoria*	115
Tableau XVIII	Chromatogramme du fractionnement de l'extrait au méthanol des tiges du *Drypetes laciniata*	122
Tableau XIX	Chromatogramme de purification de la série B	124
Tableau XX	Chromatogramme de purification de la série C	125
Tableau XXI	Chromatogramme de purification de la série D	126
Tableau XXII	Chromatogramme du fractionnement de l'extrait au méthanol des feuilles de *Rauvolfia vomitoria*	127
Tableau XXIII	Chromatogramme de purification de la série B	128
Tableau XXIV	Chromatogramme de purification de la série C	129
Tableau XXV	Chromatogramme du fractionnement de l'extrait au méthanol des écorces du tronc de *Rauvolfia vomitoria*	130
Tableau XXVI	Chromatogramme de purification de la série C	131
Tableau XXVII	Chromatogramme du fractionnement de l'extrait au méthanol des écorces des racines de *Rauvolfia vomitoria*	132
Tableau XXVIII	Chromatogramme de purification de la série B	133
Tableau XXIX	Chromatogramme de purification de la série D	133

LISTE DES FIGURES

		Pages
Figure 1	Rameaux feuillés de *Drypetes laciniata* Hutch	7
Figure 2	Feuilles, fruits, écorces des racines, fleurs et arbuste de *Rauvolfia vomitoria* Afzel	15
Figure 3	Structure générale d'une bactérie	46
Figure 4	Spectre de masse de DL_7	58
Figure 5	Spectre de RMN ^1H de DL_7	59
Figure 6	Spectre de RMN ^{13}C de DL_7	60
Figure 7	Spectre DEPT de DL_7	61
Figure 8	Spectre HMBC de DL_7	62
Figure 9	Spectre COSY $^1H\ ^1H$ de DL_7	62
Figure 10	Corrélations NOESY du composé DL_7	63
Figure 11	Spectre de RMN ^{13}C de DL_1	66
Figure 12	Spectre de RMN ^1H de DL_2	68
Figure 13	Spectre de RMN ^1H de DL_6	72
Figure 14	Spectre de RMN ^{13}C de DL_6	73
Figure 15	Spectre de RMN ^1H de DL_9	75
Figure 16	Spectre de RMN ^{13}C de DL_9	76
Figure 17	Spectre de masse de DL_{10}	77
Figure 18	Spectre de RMN ^1H de DL_{10}	78
Figure 19	Spectre de RMN ^{13}C de DL_{10}	79
Figure 20	Spectre HMBC de DL_{10}	80
Figure 21	Spectres de masse de RV_3	83
Figure 22	Spectre IR de RV_3	84
Figure 23	Spectre de RMN ^1H de RV_3	85
Figure 24	Spectre de RMN ^{13}C de RV_3	86
Figure 25	Spectre DEPT de RV_3	86

Figure 26	Spectre HMBC de RV_3	87
Figure 26a	Quelques corrélations importantes en HMBC (H→C) de RV_3	88
Figure 27	Spectre COSY ^1H ^1H de RV_3	88
Figure 28	Spectre de RMN ^1H de RV_2	93
Figure 29	Spectre de RMN ^1H de RV_4	94
Figure 30	Spectre de RMN ^{13}C de RV_4	95
Figure 31	Spectre de RMN ^1H de RV_5	96
Figure 32	Spectre de RMN ^{13}C de RV_5	97
Figure 33	Spectre de RMN ^1H de R_3	100
Figure 34	Spectre de RMN ^{13}C de R_3	101
Figure 35	Spectre de RMN ^1H de R_c	103
Figure 36	Spectre de RMN ^{13}C de R_c	104
Figure 37	Spectre de RMN ^1H de R_d	105
Figure 38	Spectre de RMN ^{13}C de R_d	106

LISTE DES SCHEMAS

		Pages
Schéma 1	Biosynthèse des différentes classes des terpènes	28
Schéma 2	Cyclisation du squalène	29
Schéma 3	Fragmentation Rétro-Diels-Ader des séries oléananes et ursanes	31
Schéma 4	Fragmentation de la série friedelane	32
Schéma 5	Déméthylation des triterpènes en C4	34
Schéma 6	Biosynthèse des alcaloïdes indoliques monoterpéniques	44
Schéma 7	Quelques alcaloïdes dérivant de la strictosidine	45
Schéma 8	Protocole d'extraction et d'isolement des composés des tiges de *Drypetes laciniata*	53
Schéma 9	Protocole d'extraction et d'isolement des composés des feuilles de *Rauvolfia vomitoria*	54
Schéma 10	Protocole d'extraction et d'isolement des composés des écorces du tronc de *Rauvolfia vomitoria*	55
Schéma 11	Protocole d'extraction et d'isolement des composés des écorces des racines de *Rauvolfia vomitoria*	56
Schéma 12	Fragmentation du composé DL_7	65
Schéma 13	Fragmentation du composé RV_3	91

RESUME

Le travail effectué dans le cadre de cette thèse de Doctorat/Ph.D porte sur l'étude phytochimique et l'évaluation des activités antimicrobienne et anti-inflammatoire de deux plantes médicinales du Cameroun: *Drypetes laciniata* Hutch (Euphorbiaceae) et *Rauvolfia vomitoria* Afzel (Apocynaceae). Le choix porté sur ces plantes est dû à leurs utilisations dans la pharmacopée traditionnelle pour le traitement des maladies infectieuses et inflammatoires.

L'étude phytochimique de l'extrait au MeOH des tiges complètes de *Drypetes laciniata* a conduit à l'isolement et à la caractérisation de dix composés parmi lesquels six triterpènes pentacycliques (friedeline, friedelane-3,7-dione, friedelane-3,15-dione, acide 3β-hydroxyoléan-12-èn-28-oïque, acide $3\beta,22\beta$-dihydroxyoléan-12-èn-28-oïque) dont un nouveau dérivé de type friedelane (3β-hydroxyfriedelane-7,12,22-trione), deux saponines (chikusetsusaponin IVa méthyl ester, 3β-hydroxyoléan-12-èn-28-β-D-glucopyranosyl ester) et deux stéroïdes (stigmastérol, le mélange de 3-O-β-D-glucopyranosyl-β-sitostérol et 3-O-β-D-glucopyranosylstigmastérol). Par ailleurs, l'étude phytochimique des extraits au MeOH des feuilles, des écorces du tronc et des écorces des racines de *Rauvolfia vomitoria* a conduit à l'isolement et à la caractérisation de onze composés répartis en quatre triterpènes (lupéol, acide bétulinique, acide ursolique) dont un nouveau dérivé de type lupane (3β-hexadécanoyloxy-lup-20(29)-èn-21-ol), deux stéroïdes (β-sitostérol, 3-O-β-D-glucopyranosyl-β-stigmastérol), un acide gras (acide palmitique), trois alcaloïdes (19,20-didehydro-12-hydroxy-(19E)-ajmalan-17-one (mitoridine), isoréserpiline, 12,17-diméthoxy-19,20-didehydro-(19)-ajmalan-17-one) et un mélange de 2 cérébrosides (R et S).

La détermination de leurs structures a été basée sur des techniques spectroscopiques de RMN multi-impulsionnelle 1D et 2D (^{1}H, ^{13}C, COSY ^{1}H-^{1}H, HSQC, HMBC et NOESY), la spectrométrie de masse à haute résolution (HR-EI-MS et HR-ESI-MS), les techniques IR, les mesures de leurs pouvoirs rotatoires et la comparaison de leurs données à celles décrites dans la littérature.

Les réactions d'acétylation et d'oxydation ont été effectuées sur trois des composés isolés, en occurrence sur le lupéol, le stigmastérol et le glucosyl de stigmastérol.

Les activités antimicrobiennes ont été évaluées sur les extraits au méthanol des tiges de *Drypetes laciniata*, des feuilles de *Rauvolfia vomitoria* et sur certains composés isolés. Les résultats de ces tests ont montré que les extraits totaux des deux plantes présentent une inhibition potentielle avec une CMI = 64µg/ml sur *Candida albicans*. De plus, les composés tels que 3β-hydroxyfriedelane-7,12,22-trione, 3β-hydroxyoléan-12-èn-28-β-D-glucopyranosyl ester et 3β-hexadécanoyloxy-lup-20(29)-èn-21-ol ont présenté des activités inhibitrices modérées sur certaines souches testées (*Eschericha coli* (CMI = 256 µg/ml), *Pseudomona aeruginosa* (CMI = 256 µg/ml), *Salmonella typhi* (CMI = 512 µg/ml)).

Les propriétés anti-inflammatoires des extraits au MeOH des tiges complètes de *Drypetes laciniata* et des feuilles de *Rauvolfia vomitoria* ont été évaluées sur l'œdème induit sur la patte par la carragéenine; les résultats ont montré que ces plantes possèdent une activité anti-inflammatoire potentielle.

Ces résultats ont permis de confirmer l'utilisation de ces plantes en pharmacopée traditionnelle, notamment comme antibactériennes et anti-inflammatoires.

MOTS CLES: *Drypetes laciniata*, Euphorbiaceae, *Rauvolfia vomitoria*, Apocynaceae, triterpénoïdes, alcaloïdes, antimicrobiennes, anti-inflammatoires.

ABSTRACT

The work done in the context of this Ph.D thesis is titled: The phytochemical and pharmacological study of two Cameroonian medicinal plants: *Drypetes laciniata* Hutch (Euphorbiaceae) and *Rauvolfia vomitoria* Afzel (Apocynaceae). The choice of these plants was motivated by their usefulness in traditional medicine for the treatment of infectious and inflammatory diseases.

The phytochemical study of the methanol extract of the stem of *Drypetes laciniata* led to the isolation and characterisation of ten compounds. These include six triterpenes (friedelin, friedelane-3,7-dione, friedelane-3,15-dione, 3β-hydroxyolean-12-en-28-oic acid, 3β,22β-dihydroxyolean-12-en-28-oic acid) one of which is a new friedelane type derivative (3β-hydroxyfriedelane-7,12,22-trione), two saponins (chikusetsusaponin IVa methyl ester, 3β-hydroxyolean-12-en-28-β-D-glucopyranosyl ester) and two stéroids (stigmasterol, a mixture of 3-*O*-β-D-glucopyranosyl-β-sitosterol and 3-*O*-β-D-glucopyranosylstigmasterol). In addition, the phytochemical study of the methanol extracts of the leaves, the stem bark and the root bark of *Rauvolfia vomitoria* led to the isolation and characterisation of eleven compounds. They included four triterpenes (lupeol, betulinic acid, ursolic acid), one of which is a new lupane type derivative (3β-hexadecanoyloxy-lup-20(29)-en-21-ol), two steroids (β-sitosterol, 3-*O*-β-D-glucopyranosyl-β-stigmasterol), one fatty acid (palmitic acid), three alkaloids (19,20-didehydro-12-hydroxy-(19E)-ajmalan-17-one (mitoridine), isoreserpiline, 12,17-dimethoxy-19,20-didehydro-(19)-ajmalan-17-one) and a mixture of two cerebrosides (R and S).

The structures of these compounds were established based on physical and spectroscopic methods: IR, MS, 1D NMR (^{1}H, ^{13}C), 2D NMR (COSY, HSQC, HMQC, HMBC and NOESY) and in comparison with existing literature.

Acetylation and oxidation reactions were carried out on three of these compounds namely: lupeol, stigmasterol and 3-*O*-β-D-glucopyranosylstigmasterol.

The antimicrobial and anti-inflammatory activities were evaluated on the methanol extracts of the stem of *Drypetes laciniata,* the leaves of *Rauvolfia vomitoria* and some of the compounds isolated.

The results of antimicrobial tests showed that both crude methanol extracts from the two plants showed inhibitory potential with a MIC = 64 µg/ml on *Candida albicans*. Moreover, some of the pure compounds isolated such as 3β-hydroxyfriedelane-7,12,22-trione, 3β-hydroxyolean-12-en-28-β-D-glucopyranosyl ester and 3β-hexadecanoyloxy-lup-20(29)-en-21-ol exhibited moderate antimicrobial activity (*Eschericha coli* (MIC = 256 µg/ml), *Pseudomona aeruginosa* (MIC = 256 µg/ml), *Salmonella typhi* (MIC = 512 µg/ml)).

The methanol extracts of both plants showed potential anti-inflammatory property on the edema induced on the mouse paw by carrageenin.

Therefore, the results obtained confirmed the use of both plants in traditional medicine such as a result of their antibacterial and anti-inflammatory properties.

Key Words: *Drypetes laciniata*, Euphorbiaceae, *Rauvolfia vomitoria*, Apocynaceae, triterpenes, alkaloids, antimicrobial, anti-inflammatory.

INTRODUCTION GENERALE

Depuis de nombreuses décennies, l'homme a toujours puisé dans la nature la nourriture dont il avait besoin pour se nourrir et des médicaments necessaire pour se soigner. A cet égard, les plantes constituent une source importante de biomolécules susceptibles d'être utilisées dans le traitement des maladies. Ces biomolécules apartiennent à divers groupes chimiques variés tels que les terpènes, alcaloïdes, flavonoïdes, stéroïdes et bien d'autres. Le rôle prépondérant joué par les plantes dans la thérapeutique des populations remonte à des temps très reculés comme l'attestent les exemples ci après.

En 1839, l'acide salicylique (**1**) isolé des fleurs de *Filipendula ulmaria* (Rosaceae) a été utilisé pour le traitement des douleurs et du paludisme. Il résultait de l'utilisation de ce médicament des effets secondaires à l'exemple du mal d'estomac. Plus tard, précisément en 1850, un autre dérivé de l'acide salicylique fut mis sur pied et nommé l'acide acétyl salicylique (**2**) qui prendra le nom d'aspirine par la suite. L'aspirine est un médicament couramment utilisé comme agent analgésique, anti pyrétique et anti-inflammatoire (Balick et Cox, 1996).

En 1972, un agent anti paludéen nommé artémisinine (**3**), une lactone sesquiterpénique fut isolée d'une plante médicinale chinoise, *Artemisia annua* (Asteraceae) (Klayman, 1985). Par la suite, la faible solubilité de ce produit emmena des chercheurs à synthétiser ses analogues plus solubles, entre autres le dihydroartémisinine (**4**), l'artésunate (**5**), l'artémether (**6**) et l'artéther (**7**). Ces composés sont connus comme agents antipaludiques très actifs et sont actuellement utilisés pour le traitement du paludisme cérébral et des maladies résistantes à la chloroquine (Kayman, 1985; Hein et White, 1993).

La plante médicinale camerounaise *Ancistrocladus korupensis* (Ancistrocladaceae) est une source de médicament anti HIV nommé michellamine B qui exerce une activité inhibitrice in vitro contre le virus du sida (Boyd et *al.*, 1994). Malheureusement, les récentes recherches ont démontré que ce produit est toxique, réduisant ainsi son utilisation. Un autre agent anti HIV, le suberosol (**8**), un triterpène tétracyclique fut isolé par la suite de *Polyalthia suberosa* (Annonaceae). L'activité de ce composé contre les lymphocytes H9 a été démontrée par Hui-Ying et *al.* en 1993.

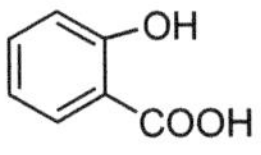

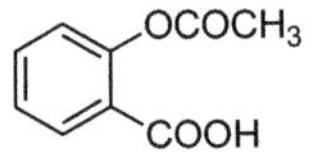

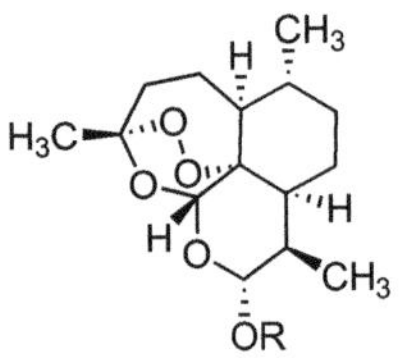

4 R=H
5 R=CH$_3$
6 R=CH$_2$CH$_3$
7 R=COCH$_2$COO$^-$

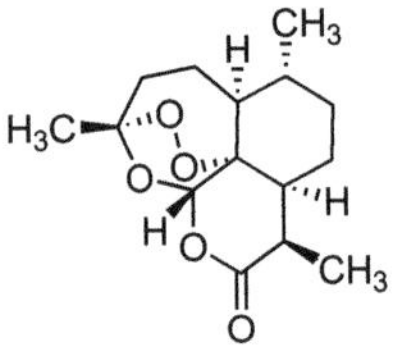

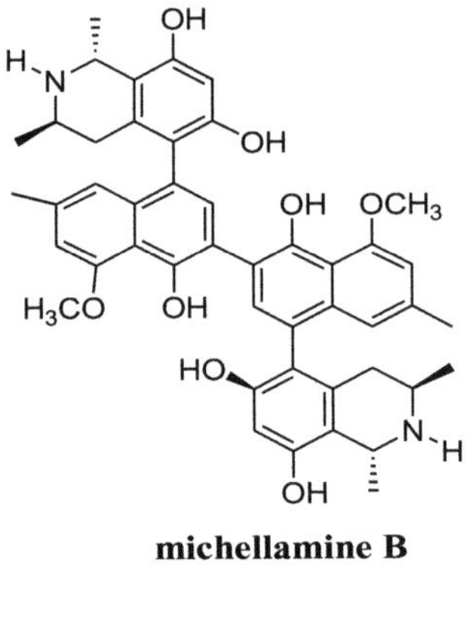

michellamine B

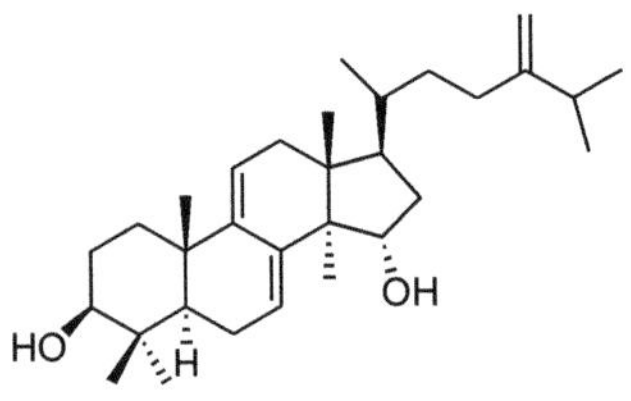

En dépit des nombreux progrès réalisés par la médecine moderne au cours de ces dernières décennies, plusieurs traitements à base des médicaments de synthèse ne semblent plus très efficaces contre les fléaux tels que le paludisme, première cause de mortalité dans les pays en voie de développement, la maladie d'Alzheimer, le cancer, les infections virales et bactériennes; ceci à cause de la résistance accrue développée par les parasites vis-à-vis des médicaments classiques. Face à cette situation, il est donc très urgent de rechercher de nouveaux agents thérapeutiques pour lutter contre ces fléaux qui ne cessent de décimer la population. A cet égard, les plantes apparaissent comme une solution alternative et crédible en raison du fait qu'en dépit de leur grande biodiversité, beaucoup de plantes restent encore non étudiées. De plus, les substances naturelles d'origine végétale sont facilement assimilables par l'organisme.

C'est dans le souci d'apporter notre contribution à ce vaste programme de recherche, que nous avons entrepris dans le cadre de nos travaux devant conduire à l'obtention du Doctorat/Ph.D en Chimie Organique, l'étude phytochimique et des activités antibactérienne et anti-inflammatoire de deux plantes médicinales camerounaises: *Drypetes laciniata* (Euphorbiaceae) et *Rauvolfia vomitoria* (Apocynaceae). Le choix porté sur ces plantes réside dans le fait qu'elles sont utilisées en pharmacopée traditionnelle pour le traitement de diverses maladies parmi lesquelles les maladies infectieuses et inflammatoires.

Le présent travail s'articulera sur trois chapitres:
- dans le premier chapitre intitulé " Revue de la littérature ", nous présenterons un aperçu des aspects botaniques, et des travaux phytochimiques et biologiques antérieurs sur les deux plantes;
- dans le deuxième chapitre, nous allons présenter nos résultats obtenus appuyés par des discussions appropriées;
- le troisième chapitre intitulé " Matériels et Méthodes ", décrit les matériels et les techniques utilisées pour la réalisation de nos travaux.

Enfin, ce document va se terminer avec une liste des références bibliographiques qui ont permis d'argumenter nos résultats décrits dans cette thèse.

CHAPITRE I:
REVUE DE LA LITTERATURE

I.1. ASPECTS BOTANIQUES ET USAGES

I.1.1. ASPECTS BOTANIQUES ET USAGES DU GENRE *DRYPETES* (EUPHORBIACEAE)

I.1.1.1. Généralités sur les Euphorbiaceae

Les Euphorbiaceae constituent une famille cosmopolite de plantes dicotylédones comprenant plus de 10000 espèces reparties en près de 300 genres (Kerharo et *al.*, 1974). Ce sont en général des arbres, des plantes arborescentes, des buissons, des lianes ou des plantes herbacées des régions tempérées, subtropicales et tropicales. Ces plantes sont totalement absentes dans les régions arctiques mais présentes le plus fréquemment en Amérique et en Afrique tropicale. Elles possèdent dans leur tissu une substance laiteuse âcre et rarement incolore appelée latex qui s'écoule de leurs tiges blessées ou coupées caractéristique de la famille.

Les feuilles sont parfois simples ou digitées, alternes, rarement opposées; elles sont souvent réduites et portent ordinairement des stipules qui peuvent se transformer en épines ou en glandes (Hutchinson et Dalziel, 1958).

Les fleurs unisexuées, généralement monoïques, sont réunies en inflorescences de types divers: épi, grappe ou cyathe (inflorescence typique du genre *Euphorbia* et comportant des fleurs très réduites: au centre du cyathe, il y a une fleur femelle représentée uniquement par le pistil longuement pédonculé et entourée par plusieurs groupes de fleurs mâles, réduites chacune à une seule étamine). Tout cet ensemble est entouré de 2 à 5 bractées, parfois soudées, de couleur plus ou moins vive, de formes et de tailles diverses, qui alternent avec autant de glandes mellifères. Le cyathe, tout en étant une inflorescence, joue le rôle d'une seule fleur hermaphrodite (Hutchinson et Dalziel, 1958). Les inflorescences sont très variées, les fleurs sont petites et verdâtres, isolées ou en glomérules (Berhaut, 1975).

Les fruits sont formés de capsules déhiscentes s'ouvrant en trois valves rarement en deux ou en quatre. Le fruit sec, à maturité, se divise en 3 carpelles et est en forme de baie ou de drupe (Troupin, 1982).

Les graines sont attachées latéralement autour ou au-dessus de la moitié de la cellule, avec ou sans coroncule et sont isolées de leurs valves (Letouzey, 1982). L'albumen est généralement abondant, charnu; l'embryon est droit; les cotylédons sont larges, rarement épais et charnus.

I.1.1.2. Aspects botaniques du genre *Drypetes*

Les plantes du genre *Drypetes* sont des plantes de la famille des Euphorbiaceae caractérisées par l'absence de latex ainsi que par une odeur extrêmement piquante de leurs écorces (Letouzey, 1982). Les *Drypetes* sont des arbres et arbustes dioïques, rarement monoïques, de tailles très variables pouvant atteindre 20 m de haut.

Les feuilles sont alternées, dentées, le limbe est elliptique, glabre, vert foncé, mesurant entre 6 et 10 cm de long. Elles ont une base arrondie, généralement dissymétrique, les bords portent légèrement des dents aigues, peu profondes et espacées. Elles présentent 4 à 6 nervures latérales bouclant une surface luisante. Le pétiole est court et mesure 4 à 6 mm, finement pubescent, de même que les jeunes rameaux. Elles comportent deux stipules filiformes, longues de 3 à 4 mm, formées de 5 sépales verts jaunâtres contenant 10 étamines sur un disque central.

Les fleurs apparaissent entre les mois d'Octobre et de Décembre et sont pour la plupart axillaires. Elles sont dioïques et caractérisées par l'absence de pétale. Ces fleurs sont sous forme de faisceaux ou de petits agglomérats, solitaires sur les aisselles des feuilles (Hutchinson et Dalziel, 1958).

Les fleurs mâles ont entre quatre et cinq sépales très concaves, imbriqués ayant environ 3 mm de long, groupés. Elles pendent sous les branches et leur nombre varie peu sur chaque feuille axiale (Hutchinson et Dalziel, 1958). Elles renferment au moins 3 étamines insérées autour et à la base du disque central concave, des ovaires rudimentaires sont présents ou absents (Troupin, 1982).

Les fleurs femelles ont un calice semblable à celui des fleurs mâles, avec un disque en forme d'anneaux, parfois épais et charnu avec un à quatre ovaires loculaires et deux ovules par loge. Les stigmates sont épais, aplatis, bifides ou entiers (Troupin, 1982).

Les fruits apparaissent entre les mois de Juin et de Juillet et se présentent sous forme de capsule tri coque. Ils sont globuleux, ellipsoïdes ou ovoïdes et indéhiscents (Troupin, 1982). Les fruits ont une courte queue avec des sépales persistants à la base, oranges et veloutés. Ils contiennent des ovaires à deux lobes et deux graines dans une pulpe fibreuse (Hutchinson et Dalziel, 1958).

Les graines sont isolées et à albumen charnu possédant un embryon droit avec les cotylédons plats et larges (Troupin, 1982).

I.1.1.3. Aspects botaniques de l'espèce *Drypetes laciniata*

L'espèce *Drypetes laciniata* Hutch est un arbuste de l'ordre de 10 cm de diamètre pouvant atteindre 4 m de hauteur. *D. laciniata* a des fleurs dioïques et les fruits contiennent de larges graines dispersées par les animaux.

 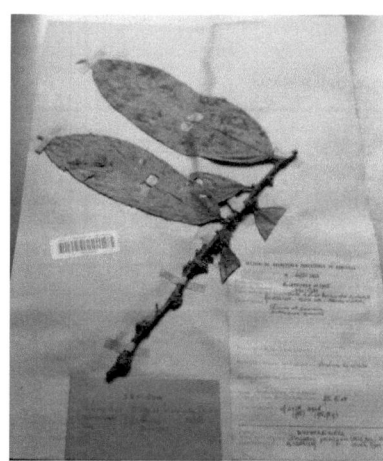

Figure 1: Rameaux feuillés du *Drypetes laciniata* Hutch

Tableau I: Place de *Drypetes laciniata* Hutch dans la systématique (Cronquist, 1981)

Règne	*Plantea*
Sous – règne	*Tracheobionta*
Division	*Magnoliophyta*
Classe	*Magnoliopsida*
Sous – classe	*Rosidae*
Ordre	*Euphorbiales*
Famille	*Euphorbiaceae*
Genre	*Drypetes*
Espèce	*Drypetes laciniata*

I.1.1.4. Répartition géographique du genre *Drypetes*

Le genre *Drypetes* est constitué de plantes qui se retrouvent en général au voisinage des zones humides (Aubreville, 1981). De nos jours, plus de 200 espèces ont été identifiées et réparties dans le monde entier, notamment dans les régions tropicales, équatoriales et subtropicales.

En Afrique, une cinquantaine d'espèces ont été identifiées dans la forêt dense du Congo, en Côte d'Ivoire, au Libéria, au Nigeria, en République Démocratique du Congo (R.D.C.), en Guinée, en Ouganda, au Ghana, en Sierra Leone, au Togo, au Gabon, au Rwanda, à Madagascar, en Afrique du Sud et au Cameroun (http://www.ipni.org) (tableau. II).

Au Cameroun, les espèces identifiées se trouvent principalement dans la forêt dense du Sud - Ouest, dans la grande réserve forestière du Dja, dans la forêt du mont Mbankolo, à Meghon, à Bamenda et à Wum.

Tableau II: Espèces de *Drypetes* recensées en Afrique (http://www.ipni.org)

	Espèces	Auteurs	Localisation
1	*Drypetes aframensis*	Hutch.	Cameroun, Libéria, Nigéria, Côte-d'Ivoire, Ghana
2	*Drypetes afzelii*	(Pax) Hutch.	Cameroun, Libéria, Sierra Leone, Ghana
3	*Drypetes arborescens*	(Oliv.) Hutch.	Cameroun
4	*Drypetes arguta*	(Müll. Arg.) Hutch.	Afrique du Sud, Suisse, Mozambique
5	*Drypetes armoracia*	Pax et Hoffm. K.	Cameroun, Libéria, Sierra, Leone, Ghana
6	*Drypetes aubrevillei*	Léandri	Cameroun, Togo, Libéria, Nigéria, Côte-d'Ivoire
7	*Drypetes aylmeri*	Hutch. et Dalziel	Cameroun, Togo, Libéria, Nigéria, Gabon, Sénégal
8	*Drypetes battiscombei*	Hutch.	Ouganda
9	*Drypetes bipindensis*	(Pax) Hutch.	Cameroun, R.D.C.,
10	*Drypetes calvescens*	Pax et Hoffm. K.	Cameroun
11	*Drypetes capillipes*	Pax et Hoffm. K.	Cameroun, Togo, Libéria, Nigéria, Gabon, Sénégal
12	*Drypetes chevalieri*	Bielle, Hutch. et Dalziel	Cameroun, Togo, Libéria, Nigéria, Gabon, Sénégal
13	*Drypetes cionabarina*	Pax et Hoffm. K.	Cameroun, Libéria, Sierra Leone, Congo
14	*Drypetes dinklagei*	(Pax) Hutch.	Cameroun
15	*Drypetes euryodes*	(Hiern) Hutch.	Angola
16	*Drypetes fernandopoana*	Breman	Cameroun, Libéria, Nigéria, Côte-d'Ivoire, Ouganda
17	*Drypetes floribunda*	(Müll. Arg.) Hutch.	Cameroun, Togo, Libéria, Nigéria, Gabon, Sénégal
18	*Drypetes gabonensis*	Hutch.	Gabon, Cameroun
19	*Drypetes gerrardii*	Hutch.	Cameroun, Rwanda, Afrique du Sud
20	*Drypetes gilgiana*	Pax et Hoffm. K.	Cameroun, Libéria, Nigéria, Sierra Leone
21	*Drypetes glabra*	(Pax) Hutch.	Guinée, Ghana, Niger
22	*Drypetes gossweileri*	Moore S.	Cameroun, Nigéria, R.D.C., Gabon
23	*Drypetes gracilis*	Pax et Hoffm. K.	Cameroun
24	*Drypetes henriquesii*	(Pax) Hutch.	Guinée, Ghana, Niger
25	*Drypetes inaequalis*	Hutch.	Cameroun, Libéria, Sierra Leone, Congo
26	*Drypetes ituriensis*	Pax et Hoffm. K.	Cameroun, Ouganda
27	*Drypetes ivorensis*	Hutch. et Dalziel	Cameroun, Libéria, Nigéria, Côte-d'Ivoire, Ghana

28	*Drypetes klainei*	Pierre et Pax.	Cameroun, Gabon, Côte-d'Ivoire
29	*Drypetes laciniata*	Hutch.	Cameroun
30	*Drypetes leonensis*	Pax et Hoffm. K.	Cameroun, Togo, Nigéria, Sierra Leone, Guinée
31	*Drypetes madagascariensis*	(Lam.) Humbert et Leandri	Madagascar
32	*Drypetes magnistipula*	(Pax) Hutch.	Cameroun
33	*Drypetes mildbraedii*	(Pax) Hutch.	R.D.C.
34	*Drypetes major*	Hutch.	Mozambique
35	*Drypetes moliwensis*	Cheek & Radcl.- Sm.	Cameroun
36	*Drypetes molunduana*	Pax. et Hoffm. K.	Cameroun, Libéria, Nigéria, Côte d'Ivoire
37	*Drypetes mossambicensis*	Hutch.	Mozambique, Kenia, Tanzanie
38	*Drypetes mottikoro*	Léandri	Côte d'Ivoire
39	*Drypetes natalensis*	(Harv.) Hutch.	Afrique du Sud
40	*Drypetes obanensis*	Moore S.	Cameroun, Nigéria
41	*Drypetes occidentalis*	(Müll. Arg.) Hutch.	Cameroun, Rwanda, Guinée Equatoriale
42	*Drypetes ovata*	Hutch.	Togo
43	*Drypetes parvifolia*	(Müll.Arg.) Pax.et Hoffm. K.	Cameroun, Libéria, Nigéria, Sierra Leone
44	*Drypetes paxii*	Hutch.	Cameroun, Libéria, Sierra Leone, Ghana
45	*Drypetes pellegrinii*	Léandri	Cameroun, Côte d'Ivoire
46	*Drypetes pierreana*	Hutch.	Gabon
47	*Drypetes preussii*	Hutch.	Cameroun, Nigéria
48	*Drypetes principum*	Hutch.	Cameroun, Libéria, Nigéria, Gabon, Côte d'Ivoire, Ghana
49	*Drypetes reticulata*	(Pax.) Hutch	Cameroun, Nigéria
50	*Drypetes rubriflona*	Pax. et Hoffm. K.	Cameroun, Libéria, Sierra Leone, Ghana
51	*Drypetes sassandraensis*	Aubrév.	Côte d'Ivoire
52	*Drypetes similis*	Hutch.	Cameroun, Nigéria
53	*Drypetes spinosa-dentata*	Hutch.	Cameroun
54	*Drypetes staudtii*	(Pax.) Hutch.	Cameroun, Nigéria
55	*Drypetes stipularis*	Hutch.	Guinée Equatoriale
56	*Drypetes tessmaniana*	Pax. et Hoffm. K.	Cameroun
57	*Drypetes ugandensis*	Hutch.	Ouganda
58	*Drypetes usambarica*	Hutch.	Burundi, Rwanda, Tanzanie
59	*Drypetes verrucosa*	Hutch.	Gabon
60	*Drypetes vignei*	Hoyle	Côte d'Ivoire

I.1.1.5. Usages du genre Drypetes

Les espèces appartenant au genre *Drypetes* présentent des usages variés tant sur le plan industriel, alimentaire que médicinal.

I.1.1.5.1. Usages industriels et alimentaires

Compte tenu de la rigidité et de la résistance du bois de *Drypetes floribunda* et de *Drypetes ivorensis* aux attaques des insectes, ces deux espèces sont considérées comme des bois par excellence, utilisés pour la construction des maisons, la menuiserie, le chauffage, la fabrication des objets ménagers (Dalziel, 1937). Les fruits de ces espèces sont comestibles (Irvine, 1961).

La poudre du *Drypetes ivorensis* est utilisée en Côte d'Ivoire pour la conservation des stocks alimentaires (Bouquet et Debray, 1974). Grâce à l'effet toxique du *Drypetes ivorensis*, il sert à empoisonner les appâts destinés à la destruction des animaux nuisibles (Bouquet, 1969).

Les écorces du *Drypetes gossweileri* servent à éloigner les serpents et à narcotiser le poisson (Bouquet, 1969).

I.1.1.5.2. Usages thérapeutiques

La majorité des plantes de la famille des Euphorbiaceae est toxique à dose élevée, ceci est dû à la présence des phytotoxines ou des résines vésicantes. Mais à dose convenable, ces plantes présentent des vertus intéressantes dans la pharmacopée traditionnelle.

Au Cameroun, les écorces du *Drypetes armoracia* sont utilisées pour le traitement de la gonococcie et les maux de dents (Dalziel, 1937). Le mélange de *Drypetes molunduana* et de *Campylospermum elongotum* est utilisé pour soigner la blennorragie (Bouquet, 1969).

Les travaux entrepris par Walker et collaborateurs en 1961 ont montré que la décoction des écorces fraîches de *Drypetes klainei* et *Drypetes gossweileri* mélangée avec du piment est utilisée pour le traitement du rhumatisme. De même, les racines de *D. gossweileri* sont utilisées comme antiseptiques dans le traitement des plaies, ulcères, furoncles et comme analgésiques pour le traitement de la carie dentaire et des douleurs lombaires. Elles sont aussi recommandées comme aphrodisiaques, vermifuges et pour les soins des infections intestinales. *D. gossweileri* est également utilisée pour l'avortement chez les femmes (Troupin, 1982).

En Côte d'Ivoire, les écorces du *Drypetes aubrevillei* servent à préparer la bouillie qui agit comme expectorant et décongestionnant bronchique. Le *Drypetes chevalieri* est utilisé pour traiter la dysenterie, la sinusite et le rhume (Irvine, 1961).

Au Congo, les feuilles du *Drypetes capillipses* sont utilisées pour le massage du cou en cas de torticolis; la décoction des écorces de cette plante est prescrite en bain de bouche contre la rage des dents et en lavement contre les douleurs rénales (Bouquet, 1969).

En mélangeant les écorces pilées du *Drypetes gossweileri* avec de l'huile de palme, on obtient une pommade très active contre les céphalées, les maux de rein, la bronchopneumonie et les douleurs intercostales. Une décoction de cette plante est prescrite comme vermifuge et comme fébrifuge chez les nourrissons. La poudre des écorces de cette plante absorbée à l'intérieur d'une banane plantain cuite à la cendre a des effets aphrodisiaques et antiblennorragiques (Bouquet, 1969).

Les râpures des écorces du *Drypetes gossweileri* sont utilisées pour le traitement des sinusites en instillation nasale.

I.1.2. ASPECTS BOTANIQUES ET USAGES DU GENRE *RAUVOLFIA* (APOCYNACEAE)

I.1.2.1. Généralités sur les Apocynaceae

Les Apocynaceae sont une famille de plantes dicotylédones constituées d'environ 220 genres et 1300 espèces (Humbert et Leroy, 1976). Les espèces appartenant à cette famille sont rencontrées le plus souvent en zones tropicales, subtropicales et rarement en régions tempérées (Leeuwenberg et Middleton, 1995; Troupin, 1982). Ce sont généralement des arbres ou des arbustes dressés ou lianescents volubiles, parfois épineux, rarement des plantes herbacées (*Catharanthus*). Le latex est abondant, blanc la plupart de temps, parfois incolore (*Adenium*) (Berhaut, 1971).

Les feuilles sont opposées ou verticillées, entières, simples, rarement alternes et dépourvues de stipules. Les fleurs sont hermaphrodites, régulières à base tubulaire, parfois de couleur vive. Le calice est souvent muni de glandes et a 5 lobes. La corolle a des lobes de formes variées (Berhaut, 1971).

Le fruit est un double follicule en siliques linéaires plus ou moins longues, de masses globuleuses ou en baies plus ou moins grosses, rarement charnu en forme de drupe ou de baie. Les graines qu'il contient ont un albumen et un embryon large et droit. Souvent les graines sont munies de longues touffes de poils pour la dissémination.

Les plantes de la famille des Apocynaceae sont très toxiques et très riches en alcaloïdes indoliques, glycosides cardiotoniques utilisés dans l'industrie pharmaceutique moderne (Van Beek et *al.*, 1984).

La famille des Apocynaceae est constituée de plusieurs genres dont quelques uns sont rencontrés au Cameroun parmi lesquels: *Alstonia, Catharanthus, Holarrhena, Picralima, Strophanthus, Tabernaemontana, Voacanga* et le genre *Rauvolfia* qui a fait l'objet de notre étude.

I.1.2.2. Aspects botaniques du genre *Rauvolfia*

Rauwolfia doit son nom moderne à Léonhart Rauwolf, médecin et botaniste allemand du 16ème siècle, qui fit de nombreux voyages aux Indes pour y étudier les plantes médicinales. C'est un petit arbre des régions tropicales toujours vert, d'une hauteur d'environ 1 m, possédant une grosse racine pivotante. Aussi appelé *Rauvolfia* (Ellis and West, 1963), ce genre regroupe une soixantaine d'espèces à fleurs ligneuses qui sont répandues dans les régions tropicales du globe.

Synonymes:

Cyrtosiphonia Miq.,

Dissolena Lour.,

Heurckia Müll. Arg.,

Ophioxylon L.,

Podochrosia Baill.,

Rauvolfia L.

Ce genre est formé des arbres à feuilles verticillées, anisophylles à stipules très petites entre les pétioles et à glandes stipitiformes aux aisselles. Les inflorescences sont terminales ou pseudo latérales et en cymes.

Les fleurs sont petites et pentamères, les sépales sont sans glandes, les corolles hypo cratériformes, le tube cylindrique et les lobes obtus et élargis à droite. Les anthères sont ovales, libres, insérées au dessus de la moitié du tube. Le disque est cupuliforme, libre et l'ovaire est globuleux composé de deux carpelles séparés ou plus ou moins soudés ventralement.

Les fruits sont duproïdes, apocarpes et plus ou moins syncarpes. Le mésocarpe est charnu, l'endocarpe est dur et comprimé latéralement. Les graines sont ovoïdes, comprimées, brunes, en général un par méricarpe (Humbert et Leroy, 1976).

Les trois espèces du genre *Rauvolfia* généralement utilisées dans la pharmacopée traditionnelle camerounaise sont: *R. observa, R. macrophylla* et *R. vomitoria* qui a fait l'objet de notre étude.

I.1.2.3. Aspects botaniques de l'espèce *Rauvolfia vomitoria*

Le mot *vomitoria* vient du latin *vimitorius* c'est-à-dire qui fait vomir et est ainsi en accord avec les propriétés de la plante (purgative et émétique). *Rauvolfia vomitoria* Afzel encore appelé ''Asofeye'' en langue Yoruba de l'Afrique de l'Ouest se présente sous forme d'arbuste pouvant atteindre 12 m de haut et 0,40 m de diamètre à latex blanc (Berhaut, 1971).

Cette espèce présente les feuilles verticillées par 4, parfois par 5. Le limbe glabre elliptique lancéolé, généralement long de 10 à 15 cm, large de 3 à 5 cm, base cunéiforme, sommet en pointe plus ou moins longue, une douzaine de nervures latérales assez étalées, bouclant près de la marge. Pétiole long de 12 à 20 mm, rameaux gris clair, lenticellés mais peu densément (Berhaut, 1971).

Les fleurs sont blanches, petites, odorantes, larges de 10 mm environ, en corymbe terminal radié large de 10 à 15 cm, pédonculé de 6 à 8 cm. Rameaux de l'inflorescence pubérulent. Les fruits ont des baies sphériques et sont larges de 8 à 10 mm (Berhaut, 1971).

Tableau III: Place de *Rauvolfia vomitoria* Afzel dans la systématique (Cronquist, 1981)

Règne	*Plantea*
Sous – règne	*Tracheobionta*
Division	*Magnoliophyta*
Classe	*Magnoliopsida*
Sous – classe	*Asteridae*
Ordre	*Gentianales*
Famille	*Apocynaceae*
Genre	*Rauvolfia*
Espèce	*Rauvolfia vomitoria*

(a) (b)

(c) (d)

Figure 2: Feuilles (a), fruits (a), écorces des racines (b), fleurs (c) et Arbuste (d) de *Rauvolfia vomitoria* Afzel

I.1.2.4. Répartition géographique de l'espèce *Rauvolfia vomitoria*

Rauvolfia vomitoria est une plante originaire d'Afrique tropicale. Compte tenu de ses multiples vertus thérapeutiques, elle est cultivée dans plusieurs régions tropicales à travers le monde.

En Afrique, *Rauvolfia vomitoria* est localisée en République Démocratique du Congo, au Ghana, au Liberia, au Sénégal, au Soudan, en Ouganda et au Cameroun (Hutchinson et Dalziel, 1963).

Au Cameroun, *Rauvolfia vomitoria* est répartie dans plusieurs localités comme l'indique le tableau ci-dessous.

Tableau IV: Répartition géographique de *Rauvolfia vomitoria* au Cameroun

Régions	Localités
Centre	Nkolbisson (Mont Kalla), Bafia
Littoral	Edéa, Yabassi, Kola (Moungo), Melong, Nkongsamba
Sud	Mouloundou, Kribi, Lomié (Medoum), Ambam, Ebolowa
Ouest	Koutaba (Kouden), Dschang (Bafou), Foumban (Bankim)
Nord	Garoua
Nord-Ouest	Nkambé
Sud-Ouest	Korup, Mamfé, Buéa, Kumba, Manegoumba, Mt Koupé
Est	Bertoua, Doumé (Dimako), Yokadouma
Adamaoua	Banyo

I.1.2.5. Usages du genre *Rauvolfia*

Les plantes du genre *Rauvolfia* sont utilisées dans plusieurs domaines de la vie en occurrence le domaine médicinal, économique et alimentaire.

Leurs propriétés thérapeutiques sont nombreuses, mais il est surtout employé pour son action contre l'hypertension, comme tranquillisant dans le traitement de désordres mentaux, et dans le traitement de problèmes cardiaques. Depuis les années 1930, des médecins indiens ont entrepris des études pour une utilisation du *Rauvolfia serpentina* en neuro-psychiâtrie. La réserpine, alcaloïde principal de *Rauvolfia serpentina*, introduit en 1954 dans la pharmacopée, fut sans doute le premier neuroleptique à produire des actions désinhibitrices dans les psychoses schizophréniques. Ses propriétés, comparées à celles de la chlorpromazine, ont permis d'établir les caractéristiques spéciales aux neuroleptiques.

Le bois de *Rauvolfia caffra* est utilisé pour le chauffage et la confection d'ustensiles. Ses racines sont utilisées pour le traitement de la folie et les morsures de serpent. Elles sont aussi employées comme poison de flèche, vermifuge et sédatif (Berhaut, 1971). *Rauvolfia caffra* ou arbre à quinine est également utilisé dans les fièvres avec sueur, vertige, instabilité, excitation et état dépressif. En médecine traditionnelle africaine, toutes les parties de l'arbre sont utilisées: la racine est employée comme sédatif ou vermifuge, et son écorce, riche en quinine, est utilisée pour traiter le paludisme; les feuilles sont utilisées en bain ou décoctions pour lutter contre les rhumatismes et les affections pulmonaires; sa sève est toxique (Berhaut, 1971).

Le jus de fruit de *Rauvolfia tetraphylla* est utilisé comme encre.

L'espèce *Rauvolfia vomitoria* est utilisée dans la confection de divers ustensiles (cuillères, peignes, guitares, sièges, tambours, etc..). Par ailleurs, les travaux effectués sur cette espèce par Berhaut en 1971 ont montré qu'elle est utilisée comme poison.

Sur le plan thérapeutique, *Rauvolfia vomitoria* présente des vertus très variées: les feuilles et les baies semblent fortement émétiques et produisent un effet ressemblant à celui de l'ipéca. Une décoction de feuilles, ou même le latex, est employée dans les malaises produits par les parasites de la peau et contre les poux de tête. Elle peut être aussi employée comme sédative dans les symptômes de folie: elle amènerait plusieurs heures de sommeil (Berhaut, 1971).

L'écorce des racines de cette espèce est amère. C'est une drogue puissante capable d'être un drastique purgatif et d'un effet émétique si on en use sans y veiller.

Elle est donnée dans la jaunisse et les autres infections gastro-intestinales. Parfois on l'applique en lavement, mélangée avec des épices. Parfois elle est donnée dans les convulsions des enfants. Dans les œdèmes généralisées, les maux de ventre, la stérilité des femmes, la blennorragie: on donne 2 fois par jour un demi-verre de vin de palme dans lequel on a bouilli des écorces de racines (Berhaut, 1971).

Un mélange de poudre de racines, ou de jus de feuilles et d'huile de palme est recommandé pour soigner les plaies, ainsi que la gale et la teigne: ce traitement est aussi censé arrêter la chute des cheveux et même les faire repousser.

Le décocté des racines de *R. vomitoria* est employé en massages et bains de vapeur contre les rhumatismes, la fatigue généralisée, le rachitisme des enfants; en gargarismes et bains de bouche il agit contre les gingivites et aphtes. La décoction de l'écorce de racines est utilisée comme insecticide. L'écorce est utilisée en frictions contre la vermine. Une infusion d'écorces ou une raclure d'écorces de racines mélangée à du jus de canne à sucre est une purge très violente utilisée pour se débarrasser des ascaris. En raison de sa teneur en réserpine, la décoction des racines en boisson est indiquée comme anti-blennorragique. Pour traiter les douleurs des colites, on met dans une calebasse une décoction d'écorces que l'on boit en plusieurs jours (Berhaut, 1971).

En cas de morsures de serpents, scorpions ou araignées, on avive la plaie sur laquelle on étend une pâte de racine, puis on boit un peu de jus de racine pressée. On étend sur les morsures de serpents une raclure d'écorces. La racine émétisante est utilisée comme contre poison non spécifique.

Une infusion dans l'eau de la pulpe de racine traite la lèpre: contre les ulcérations et les troubles trophiques de la forme nerveuse, on épluche les racines et on récupère la pulpe que l'on écrase avant de mettre dans l'eau bouillante. Le malade boit très peu de cette potion toxique deux fois par semaine, mais l'utilise pour baigner ses membres malades trois fois par jour pendant une heure (Berhaut, 1971).

En définitive, il résulte de tout ce qui précède que les espèces des genres *Drypetes* et *Rauvolfia* présentent des vertus thérapeutiques très intéressantes et variées. C'est la raison pour laquelle plusieurs espèces appartenant à ces deux genres ont déjà fait l'objet de plusieurs études, notamment sur les plans chimiques et biologiques.

I.2. TRAVAUX CHIMIQUES ET BIOLOGIQUES ANTERIEURS

I.2.1. TRAVAUX CHIMIQUES ET BIOLOGIQUES ANTERIEURS SUR LE GENRE *DRYPETES*

Les études chimiques antérieures effectuées sur les plantes du genre *Drypetes* ont porté sur plusieurs espèces: *Drypetes roxburghii* (Sipahimalani et *al.*, 1994; Sengupta et *al.*, 1997), *Drypetes gossweileri* (Mve-Mba et *al.*, 1997; Dupont et *al.*, 1997; Ngouela et *al.*, 2003), *Drypetes littoralis* (Lin et *al.*, 2001) et *Drypetes hieranensis* (Chen et *al.*, 1999). Depuis plus d'une décennie, l'équipe de recherche dirigée par le Professeur Wandji a entrepris des travaux sur plus d'une douzaine d'espèces camerounaises de *Drypetes*, entre autres *D. molunduana* (Wandji et *al.*, 2000), *D. armoracia* (Wandji et *al.*, 2003), *D. chevalieri* (Wansi et *al.*, 2005 et 2007), *D. parvifolia* (Nenkep et *al.*, 2008), *D. tessmanniana* (Dongfack et *al.*, 2008), *D. paxii* (Chiozem et *al.*, 2009), *D. inaequalis* (Awanchiri et *al.*, 2009), *D. aframensis* (Chi, 2006), *D. principum*, *D. floribunda*, *D. aylméri* et *D. gilgiana*.

I.2.1.1. Quelques composés isolés du genre *Drypetes*

Les travaux chimiques antérieurs effectués sur les espèces du genre *Drypetes* ont permis d'isoler et de caractériser plusieurs composés appartenant aux classes des triterpénoïdes, des stéroïdes, des lignanes, des xanthones et des composés aromatiques. Parmi ces composés, les triterpénoïdes et les stéroïdes constituent plus de 50 % des métabolites secondaires isolés.

Les travaux entrepris par l'équipe de recherche du Professeur Wandji sur le genre *Drypetes* ont permis d'isoler des composés tels que: drypemolunduana A (**9**), drypemolunduana B (**10**), erythrodiol (**11**), friedelane-3,7-dione (**12**), acide 3β-acétoxyoléan-12-èn-28-oïque (**13**), acide oléanolique (**14**), hederagenin (**15**), acide bayogenin (**16**), drypearmoracein A (**17**), drypearmoracein B (**18**), lupéol (**19**), friedelan-3β-ol (**20**) (Wandji et *al.*, 2000; 2003).

Lin et al. (2001) ont isolé plus d'une dizaine de composés de *Drypetes littoralis* parmi lesquels: drypetenone A (**21**), drypetenone B (**22**), drypetenone C (**23**), 1-hydroxy-7-hydroxyméthyl-6-méthoxyxanthone (**24**), boehmenan (**25**), boehmenan D (**26**), amentoflavone (**27**), coniferaldehyde (**28**), sinapoldehyde (**29**), laricirecinol (**30**), syringaresinol (**31**), friedeline (**32**) et la β-amyrine (**33**).

Les travaux effectués par Mve-Mba et *al.* (1997), Dupont et *al.* (1997) et Ngouela et *al.* (2003) sur *Drypetes gossweileri* ont abouti à l'isolement des composés suivants: benzaldehyde (**34**), benzylcyanide (**35**), benzylisothiocyanate (**36**), gossweilone (**37**), stigmastérol stéarate (**38**), β-sitostérol stéarate (**39**), méthylputrangivate (**40**) et l'acide stéarique (**41**).

Chen et *al.* (1999) ont isolé de *Drypetes hieranensis* des composés tels que: squalène (**42**), stigmastérol (**43**), β-sitostérol (**44**), 3-oxofriedelan-29-ol (**45**), 3β, 29-dihydroxyfridelane (**46**), 3-O-β-glucosylstigmastérol (**47**), 3-O-β-glucosyl-β-sitostérol (**48**) et l'acide hexaméthylxorulevellagique (**49**).

Sipahimalani et *al.* (1994) et Sengupta et *al.* (1997) ont isolé de *Drypetes roxburghii* les composés suivants: (-)-syringaresinol-4'-4''-*O*-β-*D*-diglucopyranoside (**50**), (+)-syringaresinol-4'-*O*-β-*D*-glucopyranoside (**51**), (-)-pinoresinol-4-*O*-β-*D*-glucopyranoside (**52**), la syringin méthyléther (**53**), *D:A*-friedelane (friedeline: **32**) et 3,4-seco-*D:A*-friedelane (**54**).

Wansi et *al.* (2005 et 2007) ont isolé de *Drypetes chevalieri* les composés tels que: drypechevalin A (**55**), drypechevalin B (**56**), drypechevalin C (**57**) et drypechevalin D (**58**). Chiozem et *al.* (2009) ont isolé de *Drypetes paxii* les composés tels que: 12α-hydroxyfriedelane-3,15-dione (**59**) et 3β-hydroxyfriedelan-25-al (**60**).

Les travaux phytochimiques effectués sur *Drypetes tessmaniana* par Dongfack et *al.* (2008) ont conduit à l'isolement des composés: 3β-O-(E)-3,5-dihydroxycinnamoyl-11-oxo-oléan-12-ène (**61**) et 3β,6α-dihydroxylup-20(29)-ène (**62**). Ceux d'Awanchiri et *al.* (2009), effectués sur *Drypetes inaequalis* ont également conduit aux composés: **62**, 3β-acétoxylup-20(29)-èn-6α-ol (**63**), 3β-cafféoyloxylup-

20(29)-èn-6α-ol (**64**), 28-β-*D*-glucopyranosyl-30-méthyl-3β-hydroxyoléan-12-èn-28,30-dioate (**65**) et 3α-hydroxyfriedelan-25-al (**66**).

I.2.1.2. Activités biologiques de quelques classes de composés isolés du genre *Drypetes*

Les triterpènes pentacycliques sont une subdivision importante d'un groupe de constituants chimiques actifs appelés les triterpénoïdes. Ils offrent une grande action physiologique qui leur confère un intérêt important. En effet, les activités antibactériennes, cytotoxiques et cytostatiques ont été attribuées à certains triterpènes pentacycliques. De même, les triterpènes sont en général connus comme des composés présentant des propriétés anti-inflammatoires.

Plusieurs de ces triterpènes exercent une action inhibitrice sur certaines enzymes. Les acides ursolique et oléanolique sont deux des triterpènes pentacycliques les plus abondants et les mieux étudiés. L'acide ursolique et son isomère l'acide oléanolique ont des formules chimiques identiques, leurs structures diffèrent seulement par la localisation d'un groupe méthyle (CH_3). Tous deux ont d'importants effets bénéfiques potentiels pour la santé, incluant une action protectrice contre le développement du cancer, inhibitrice de cellules tumorales existantes, protectrice contre des effets secondaires des chimio et radiothérapies, anti-inflammatoire, antioxydante, protectrice du système cardio-vasculaire ou antivirale. Il a été démontré que l'acide ursolique pouvait être utile non seulement lorsqu'il est ingéré mais également en application topique où on l'utilise pour traiter les brûlures. De plus, il stimule la production de collagène, réduit les rides, lisse et raffermit la peau. Ce composé empêche la croissance des tumeurs et possède des propriétés anti-inflammatoires et antimicrobiennes.

Les triterpénoïdes libres, glycosylés ou estérifiés intervenant dans de nombreux mécanismes régissant la vie des êtres vivants, ceux possédant des hydroxyles présentent des activités antitumorales, anticancéreuses, anti-inflammatoires et anti-HIV (Mahato et al., 1992). De même, ils présentent une activité cytotoxique contre HELA cervix-carcimona et la célastine B inhibe la réplication des cellules lymphocytes H_9 (Wansi, 2005).

Les sesquiterpènes en général présentent des propriétés anti-inflammatoires et analgésiques. Ainsi, les tests effectués sur drypermolundein A (**9**) ont montré qu'il est un anti-inflammatoire plus efficace que l'aspirine et l'indométacine pris dans les mêmes conditions (Nkeh et al., 2003).

L'acide furanoeremmophil-1-on-13-oique (**57**), isolé de *Drypetes chevalieri* a montré une activité antileishmaniale intéressante (Wansi et al., 2007). Le (-) syringaresinol-4',4-β-D-diglucopyranoside (**50**) isolé du *Drypetes roxburghii* est utilisé comme antistress (Sipahimalani et al., 1994).

L'intérêt que le chimiste organicien accorde aux stéroïdes réside non seulement dans leur diversité structurale et dans de nombreuses synthèses organiques auxquelles ils se prêtent, mais aussi et surtout à leur utilisation dans l'industrie pharmaceutique.

Les stéroïdes tels que les stigmastérols par exemple, sont des matières premières pour la production des médicaments stéroïdiques (contraceptifs, anabolisants, anti-inflammatoires). Le β-sitostérol très abondant dans les végétaux joue un rôle essentiel dans la régulation du taux de cholestérol sanguin; il atténue l'hypertrophie bénigne de la prostate et est très actif contre le venin du serpent. Par ailleurs, c'est un puissant anti-inflammatoire et analgésique. L'ergostérol se transforme facilement en vitamine D_2 anti-rachitique par simple irradiation (Boiteau et al., 1964).

Les phytostérols et les triterpènes pentacycliques ont une activité antibactérienne et un rôle de protection des plantes vis-à-vis des micro-organismes.

Ces multiples résultats antérieurs sur les espèces du genre *Drypetes* nous ont amené à étendre les études sur les autres espèces non encore étudiées. Dans le cadre de la préparation de cette thèse, nous nous sommes intéressés à l'étude phytochimique des tiges de l'espèce *Drypetes laciniata,* plante utilisée en pharmacopée traditionnelle pour ses vertus thérapeutiques.

Compte tenu du fait que la moitié des composés isolés des espèces du genre *Drypetes* appartiennent à la classe des triterpènes pentacycliques, nous ferons une étude sur cette classe de composés.

I.2.1.3. Etude des triterpénoïdes pentacycliques

I.2.1.3.1. Généralités sur les terpènes

Les terpènes constituent un ensemble de composés organiques dérivant des réarrangements ou des cyclisations de l'unité structurale de base nommé isoprène (2-methylbutadiène) C_5H_8 et ont pour formule de base des multiples de celle-ci, c'est-à-dire $(C_5H_8)_n$. Ils existent sous forme d'hemiterpènes (C_5), monoterpènes (C_{10}), sesquiterpènes (C_{15}), diterpènes (C_{20}), triterpènes (C_{30}), tétraterpènes (C_{40}), etc. (Dewick, 2002; Banthorpe, 1991; Rodney et al., 2000) comme résumé dans le schéma 1 ci-après.

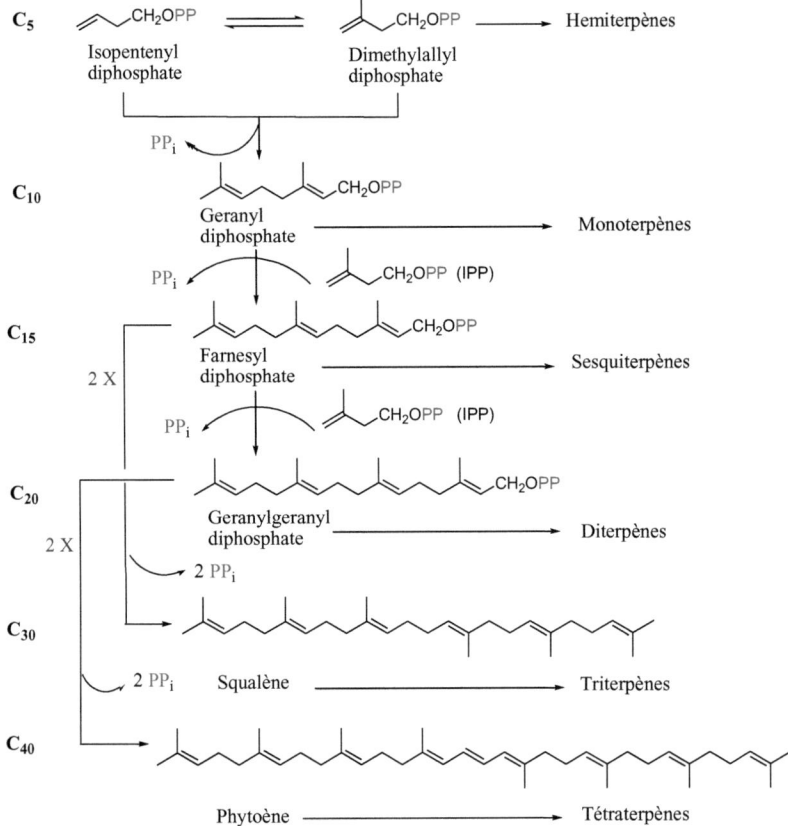

Schéma 1: Biosynthèse des différentes classes des terpènes

Les terpènes ont deux propriétés fondamentales: tout d'abord, ils constituent entre autres le principe odoriférant des végétaux. Cette odeur est due à la libération des molécules très volatiles contenant 10, 15 et 20 atomes de carbones. Ensuite, du fait de l'alternance de simples et doubles liaisons (liaisons conjuguées) dans certaines molécules, ils interagissent avec la lumière.

I.2.1.3.2. Biosynthèse des triterpénoïdes

Les triterpénoïdes forment un groupe de métabolites secondaires très répandus dans les végétaux. Ce sont des composés renfermant trente atomes de carbones dans leur squelette principal et résultant de la cyclisation du (3S) 2,3 – époxy squalène ou du squalène lui-même obtenu par voie mévalonique (schéma 1). Ils sont généralement hydroxylés en position 3 et les différences majeures sont d'ordre configurationnelles et liées à la conformation adoptée par l'époxy squalène avant la cyclisation. La cyclisation du squalène ou de l'époxy squalène conduit aux composés triterpéniques de squelettes tétracycliques ou pentacycliques (schéma 2) (Bruneton, 2009).

Les triterpénoïdes pentacycliques sont classés dans plus d'une quarantaine de groupes structuraux (Mahato et Kundu, 1994). La glycosylation de ces groupes conduit à la formation des substances naturelles appelées saponines. La partie triterpénique porte un hydroxyle sur le carbone C-3 et peut aussi porter dans la molécule d'autres fonctions carboxyles ou hydroxyles qui peuvent servir de points d'attaches de l'aglycone aux parties osidiques (Mahato et *al.*, 1992).

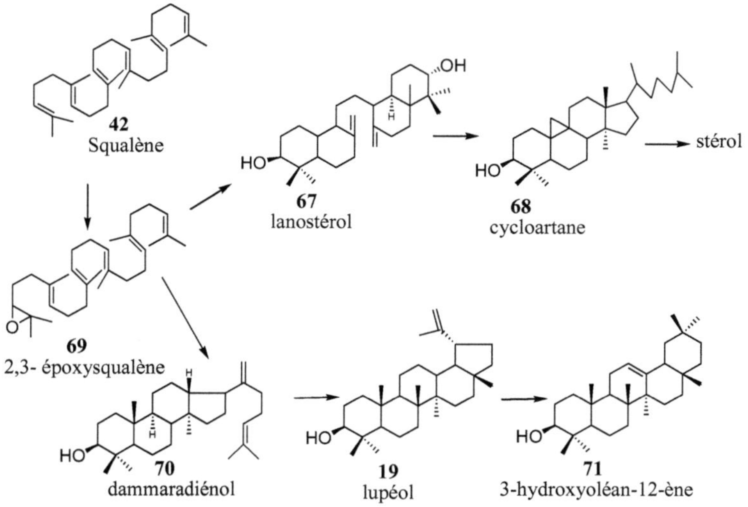

Schéma 2: cyclisation du squalène

I.2.1.3.3. Méthodes générales d'extraction et de détermination des structures des triterpènes pentacycliques

L'isolement des triterpènes est basé surtout sur l'extraction du matériel végétal avec des solvants organiques tels que l'éther d'éthyle, le méthanol, le chloroforme ou l'acétate d'éthyle (Boiteau et *al.*, 1964).

L'étude structurale des triterpénoïdes et saponines a beaucoup bénéficié du développement de la spectrométrie de masse et de la résonance magnétique nucléaire. Les caractéristiques physiques et mesures spectroscopiques sont des moyens très utilisés dans la détermination des structures (Wansi, 2000).

- Spectrométrie de masse

L'avènement des techniques modernes d'analyses telles que la DIC/NH_3 et l'ESI permettent de détecter les ions pseudo-moléculaires $[M+H]^+$ ou $[M+NH_4]^+$ et $[M+Na]^+$ ou $[M+2Na]^+$ et d'en déduire l'ion moléculaire (Shiping et *al.*, 1999).

Les techniques classiques d'ionisation chimique permettent non seulement d'avoir l'ion moléculaire, mais aussi de déterminer la position de certains groupements dans la molécule.

Dans le cas des séries Δ^{12}- oléanènes ou Δ^{12}- ursènes, le mode de fragmentation se fait suivant la réaction Rétro-Diels-Ader (R.D.A) (schéma 3). Le fragment (a) dont dérive généralement le pic de base permet de déduire si le composé porte des substituants sur les cycles D et E (Ogunkoya, 1981). Certes, la spectrométrie de masse ne nous permet pas de faire la différence entre les séries oléanolique et ursolique. Le meilleur moyen d'atteindre ce but est l'utilisation de la RMN ^{13}C et la RMN ^{1}H.

Contrairement à ce qui précède, dans la série des friedelanes, le mode de fragmentation n'est plus de type Rétro-Diels-Ader mais se fait par rupture de la liaison créée par l'énergie négative fournie à la molécule (schéma 4). Le pic caractéristique des friedelanes n'ayant pas de substituant sur le cycle D ou E est à *m/z* 205, correspondant à l'ion fragment (b) (Sengupta et *al.*, 1997; Kuo et Kuo, 1997).

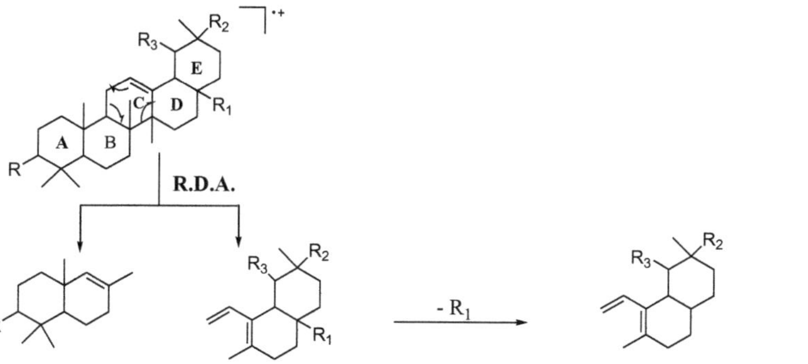

(a)

$m/z=203$ $\left\{ \begin{array}{l} R_2=H;\ R_3=CH_3 \\ \text{ou } R_3=H;\ R_2=CH_3 \end{array} \right.$

fragments issus de (a)

$m/z=218$ $\left\{ \begin{array}{l} R_1=CH_3 \\ R_3=H;\ R_2=CH_3 \\ \text{ou } R_2=H;\ R_3=CH_3 \end{array} \right.$

$m/z=262$ $\left\{ \begin{array}{l} R_1=COOCH_3 \\ R_3=H;\ R_2=CH_3 \\ \text{ou } R_2=H;\ R_3=CH_3 \end{array} \right.$

$m/z=248$ $\left\{ \begin{array}{l} R_1=COOH \\ R_3=H;\ R_2=CH_3 \\ \text{ou } R_2=H;\ R_3=CH_3 \end{array} \right.$

$m/z=276$ $\left\{ \begin{array}{l} R_1=CH_2OAc \\ R_3=H;\ R_2=CH_3 \\ \text{ou } R_2=H;\ R_3=CH_3 \end{array} \right.$

Schéma 3: Fragmentation Rétro-Diels-Ader des séries oléananes et ursanes

Dans le cas des saponines, on utilise les techniques d'ionisation douce (par exemple le FAB MS) pour déterminer la masse moléculaire à partir des ions $[M+H]^+$ ou $[M+H]^-$ suivant que l'on opère en mode d'ions positifs ou négatifs. Elles permettent aussi de déterminer la nature de l'enchainement des sucres (Chemli et *al.*, 1987).

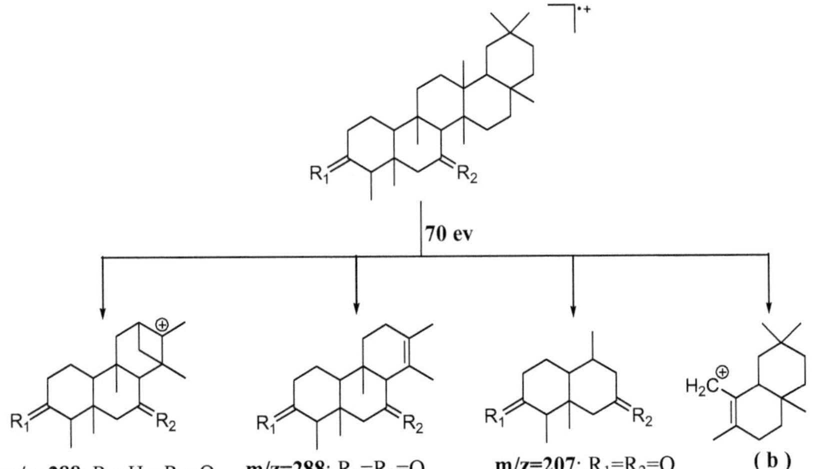

m/z=288: $R_1=H_2$; $R_2=O$ **m/z=288**: $R_1=R_2=O$ **m/z=207**: $R_1=R_2=O$ **m/z=205**
m/z=274: $R_1=R_2=H_2$ **m/z=274**: $R_1=O$; $R_2=H_2$ **m/z=193**: $R_1=O$; $R_2=H_2$
m/z=345: $R_1=OAc$; $R_2=O$ **m/z=322**: $R_1=OAc$; $R_2=O$ **m/z=251**: $R_1=OAc$; $R_2=O$

Schéma 4: Fragmentation de la série Friedelane

- Spectroscopie de Résonance Magnétique Nucléaire (RMN)

La RMN s'est révélée très efficace pour l'étude des problèmes structuraux en Chimie Organique. L'utilisation des instruments à haute fréquence a permis d'accroître les potentialités de cette technique spectroscopique dans la détermination des structures des produits organiques. L'importance de cette technique réside également sur le fait qu'elle permet de déterminer la stéréochimie et la conformation des triterpènes fonctionnalisés (Wilson and Williams, 1969).

Le spectre de RMN ^1H des triterpènes pentacycliques est assez caractéristique. Généralement, les 8 méthyles angulaires résonnent entre δ_H 0,50 et 1,50 ppm (Ageta et Arai, 1983). On observe généralement les pics caractéristiques des protons vinyliques entre δ_H 4,50-6,50 ppm.

Dans la série oléan-12-ène, la formation du pont lactonique entre C-28 et C-21 entraîne le déplacement chimique du proton oléfinique H-12 vers les champs faibles (Jyoti et *al.*, 1972). Le proton allylique H-18 apparaît autour de δ_H 2,20 ppm sous forme de doublet dédoublé dans le cas de la série oléan-12-ène et sous forme de doublet dans le cas de la série urs-12-ène. Mais si par contre le méthyle en C-17 est oxydé en acide carboxylique, le proton H-18 subit un effet attracteur de la fonction acide qui le déplace vers les champs faibles autour de δ_H 2,84 ppm en série oléan-12-ène et δ_H 2,40 ppm pour la série urs-12-ène (Furuya et *al.*, 1987).

Dans le cas des friedelines, on observe généralement un doublet caractéristique attribuable au méthyle 23 vers δ_H 1,08 ppm ayant pour constante de couplage J entre 6,0-7,5 Hz. Le proton H-4 apparaît le plus souvent sous forme d'un quadruplet entre δ_H 2,50-2,90 ppm avec la même constante de couplage.

L'avènement des spectrographes à haut champ de la transformée de Fourrier et des nouvelles techniques ont fait de la RMN ^{13}C une méthode très efficace dans la détermination des structures des triterpénoïdes pentacycliques. Généralement, dans les séries oléananes et ursanes, les huit méthyles angulaires résonnent entre δ_C 14,0-33,3 ppm alors que dans la série friedelane, ils apparaissent entre δ_C 6,8-35,0 ppm (Mahato et Kundu, 1994). La présence d'un groupement hydroxyle sur le squelette triterpénique entraîne une variation du déplacement chimique des carbones α de δ_C 34,0 à 50,0 ppm et ceux des carbones β de δ_C 2,0 à 10,0 ppm vers les champs faibles. Par contre, elle entraîne vers les champs forts ceux des carbones γ de δ_C 0,0 à 9,0 ppm.

I.2.1.4. Etude des stéroïdes

I.2.1.4.1. Généralités sur les stéroïdes

Les stéroïdes constituent une sous classe des triterpènes, ils forment le groupe de métabolites secondaires le plus répandu chez les végétaux et on les retrouve aussi chez les animaux. Parmi eux, on trouve les composés aussi importants que les hormones de reproduction (progestérone, estradiol, testostérone), les corticoïdes (cotsol, cortisone, tétrahydrocacortisol) secrétés par les glandes surrénales, les glucosides cardiotoniques, les amines stéroïdiques et les acides biliaires.

Le nom stéroïde est donné à tous les composés dont le squelette de base comporte le noyau perhydrocyclopentanophénanthrène (**72**) et la numérotation des cycles est standardisée comme l'indique la structure de base.

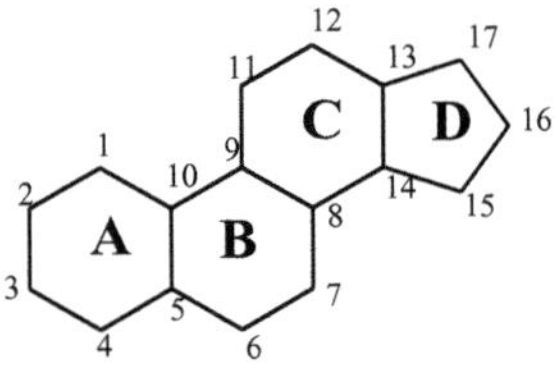

72

Les stéroïdes naturels portent tous un 3β-hydroxyle et au moins une double liaison carbone carbone se trouvant habituellement en C-5, C-7 ou C-22. Ils dérivent du même précurseur que les triterpènes et sont considérés comme les triterpènes tétracycliques qui ont perdu deux méthyles en position 4 et un méthyle en position 14.

I.2.1.4.2. Biosynthèse des stéroïdes

Tout comme les triterpènes, les stéroïdes sont synthétisés par voie mévalonique qui débute avec l'acétyle COA (forme active de l'acide acétique) et qui aboutit au squalène (schéma 1). Ensuite c'est la cyclisation du squalène, plus précisément celle de l'époxy-2,3-squalène qui, après réarrangement conduit aux triterpènes cycliques généralement hydroxylés en C-3 (schéma 2), puis aux stérols (schéma 5).

Le passage d'un triterpène tétracyclique (30C) à un stérol (27C) nécessite une déméthylation progressive de C-4 et C-14. Les deux méthyles en C-4 sont perdus par une suite d'oxydation terminée par une décarboxylation. Le méthyle en C-14 est d'abord oxydé puis éliminé sous forme d'acide formique (Bruneton, 1993).

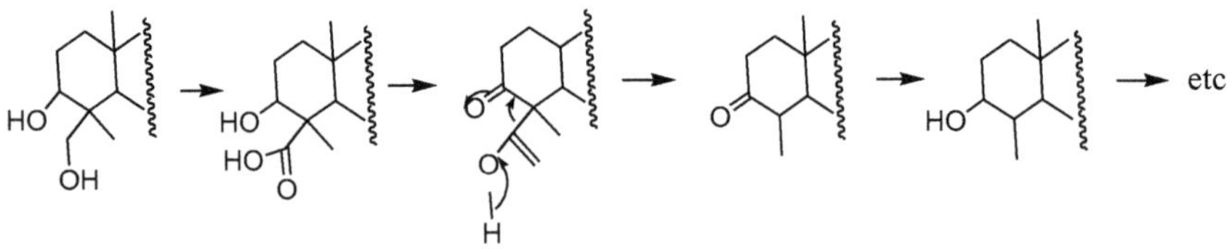

Schéma 5: Déméthylation des triterpènes en C-4

I.2.2. TRAVAUX CHIMIQUES ET BIOLOGIQUES ANTERIEURS SUR LE GENRE *RAUVOLFIA*

Les travaux chimiques antérieurs effectués sur les espèces du genre *Rauvolfia* ont porté sur quelques espèces: *Rauvolfia serpentina* (Sheludko et *al.*, 2002; Wachsmuth et Matusch, 2002), *Rauvolfia bahensis* (Kato et *al.*, 2002), *Rauvolfia grandiflora* (Cancelieri et *al.*, 2002) et *Rauvolfia vomitoria* (Poisson et *al.*, 1954; Amer et Court, 1980; Li et *al.*, 2007 et Cheng et *al.*, 2008).

I.2.2.1. Quelques composés isolés du genre *Rauvolfia*

Les investigations chimiques antérieures effectuées sur les espèces du genre *Rauvolfia* ont montré la présence d'une variété de métabolites secondaires dont les alcaloïdes indoliques (70%), les glucosides, les stéroïdes et les triterpènes (Bruneton, 1993).

Les travaux entrepris par Sheludko et collaborateurs en 2002 sur les écorces de *Rauvolfia serpentina* ont permis d'isoler un certain nombre de composés notamment: la 19(S), 20(R)-dihydroperaksine (**73**), 19(S), 20(R)-dihydroperaksine-17-al (**74**), 10-hydroxy-19(S), 20(R)-dihydroperaksine (**75**), ajmaline (**76**), 12-hydroxyajmaline (**77**), norajmaline (**78**), 17-O-acetylajmaline (**79**), vinorine (**80**), vomilenine (**81**), perakine (**82**), raucaffrinoline (**83**), vellosimine (**84**), sarpagine (**85**), 3-epi-α-yohimbine (**86**), 18β-hydroxy-3-epi-α-yohimbine (**87**), strictosidine (**88**), strictosidine lactam (**89**), tetrahydroalstonine (**90**), vallesiachotamine (**91**), dihydroperaksine (**92**) et peraksine (**93**).

73 R_1=CH$_2$OH, R_2=H
74 R_1=CHO, R_2=H
75 R_1=CH$_2$OH, R_2=OH

76 R_1=CH$_3$, R_2=H, R_3=H
77 R_1=CH$_3$, R_2=H, R_3=OH
78 R_1=H, R_2=H, R_3=H
79 R_1=CH$_3$, R_2=Ac, R_3=H

80 R=H
81 R=OH

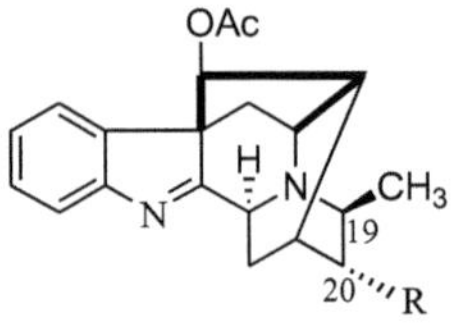

82 R=CHO **83** R=CH₂OH	**84** R₁=CHO, R₂=H **85** R₁=CH₂OH, R₂=OH	**86** R=H **87** R=OH

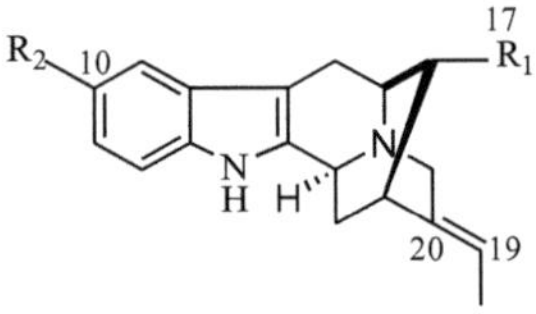

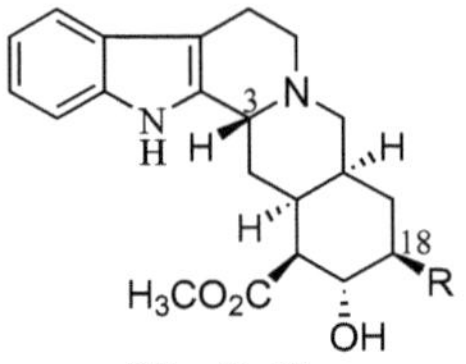

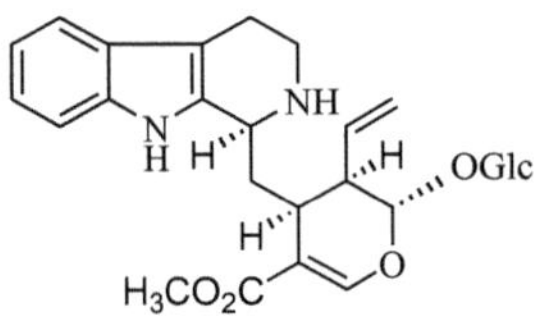

88 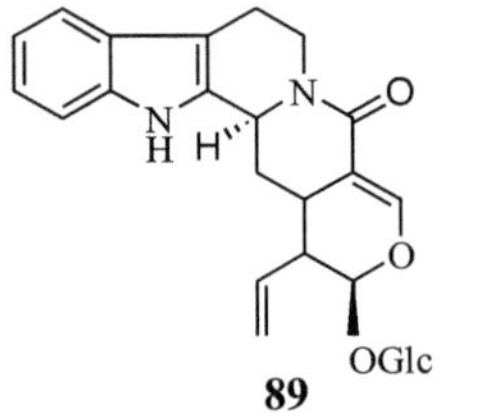 **89** 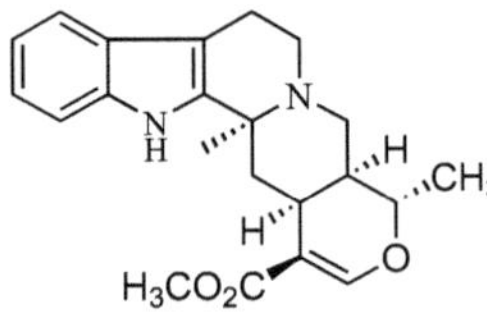 **90**

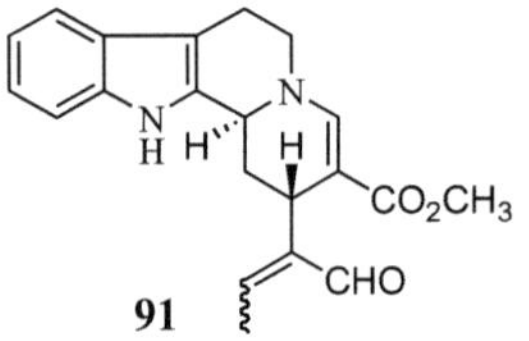

91 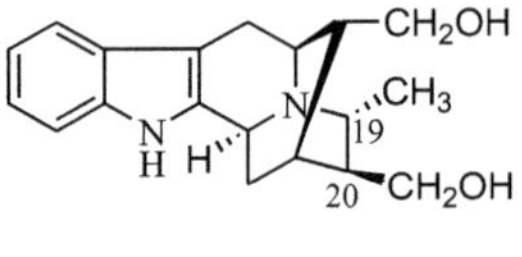 **92** 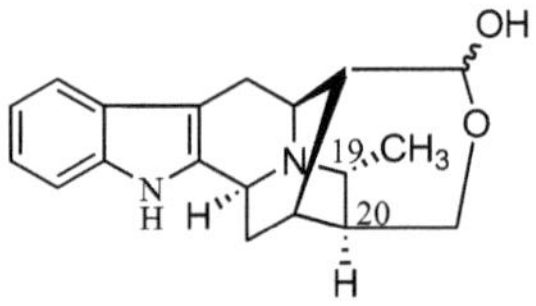 **93**

Wachsmuth et Matusch ont isolé de *Rauvolfia serpentina* en 2002 cinq bases anhydronium à savoir: 3,4,5,6-tetradehydroyohimbine (**94**), 3,4,5,6-tetradehydro-(Z)-geissoschizol (**95**), 3,4,5,6-tetradehydrogeissoschizol (**96**), 3,4,5,6-tetradehydrodrogeissoschizine-17-O-β-D-glucopyranoside (**97**) et serpentine (**98**).

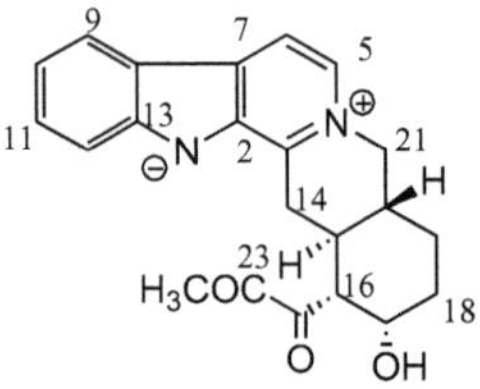

94 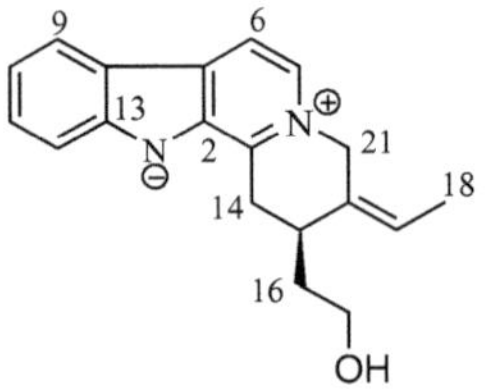 **95** 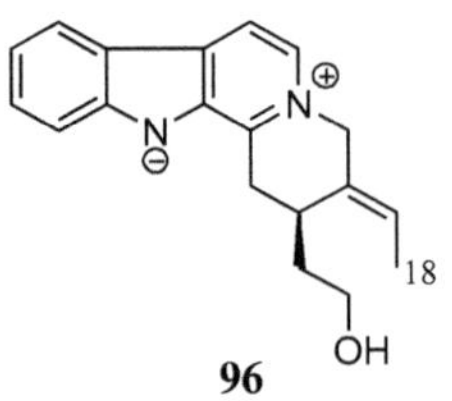 **96**

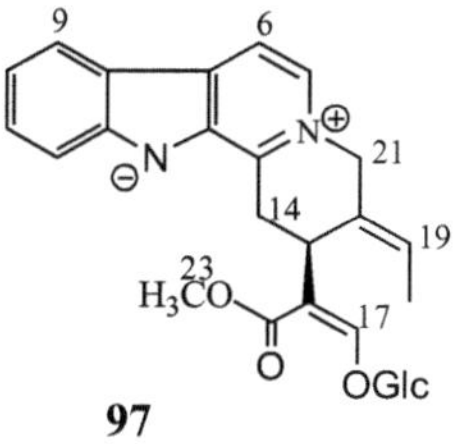

97 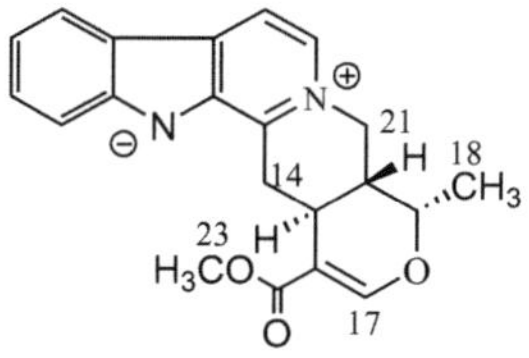 **98**

Kato et *al.* ont isolé en 2002 de *Rauvolfia bahiensis* les composés ci après: picrinine (**99**), normacusine B (**100**), norseredamine (**101**), seredamine (**102**), 10-méthoxynormacusine B (**103**), norpurpeline (**104**), purpeline (**105**), 12-méthoxy-N_a-méthyl-vellosimine (**106**), déméthoxypurpeline (**107**), 12-méthoxyaffinisine (**108**), 12-méthoxyvellosimine (**109**) et d'autres alcaloïdes déjà cités précédemment.

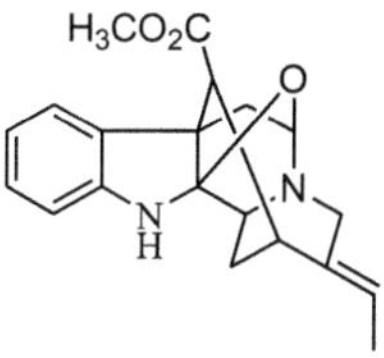

99

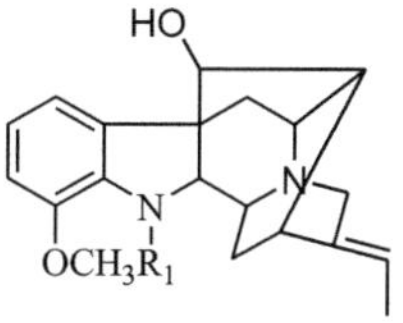

101 R_1=H
102 R1=CH_3

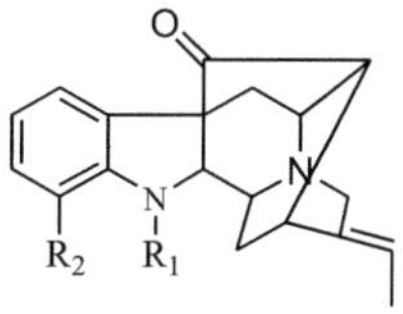

104 R_1=H, R_2=OCH_3
105 R1=CH_3,R_2=OCH_3
107 R_1=CH_3, R_2=H

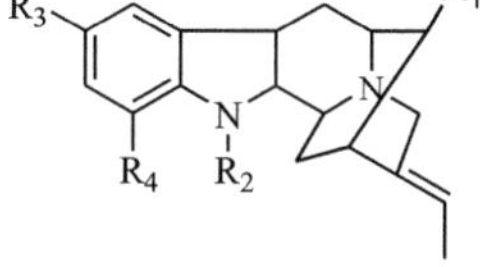

100 R_1=CH_2OH, R_2=R_3=R_4=H
103 R_1=CH_2OH,R_2=H, R_3=OCH_3, R_4=H
106 R_1=CHO, R_2=CH_3, R_3=H, R_4=OCH_3
108 R_1=CH_2OH, R_2=CH_3, R_3=H, R_4=OCH_3
109 R_1=CHO, R_2=H, R_3=H, R_4=OCH_3

Amer et Court ont isolé en 1980 de *Rauvolfia vomitoria* les composés suivants: geissoschizol (**110**), geissoschizine (**111**), aricine (**112**), isoréserpiline (**113**), réserpiline (**114**), désacétyldesformoakuammiline (**115**), akuammiline (**116**), picrinine (**117**), carapanaubine (**118**), rauvoxinine (**119**), rauvoxine (**120**)...

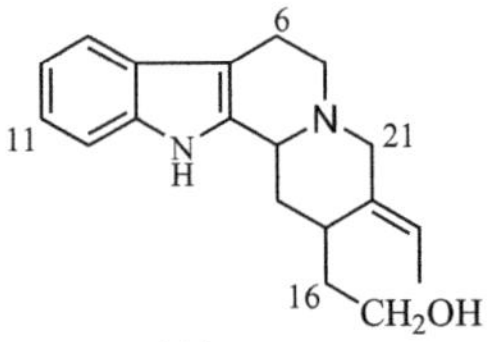

110

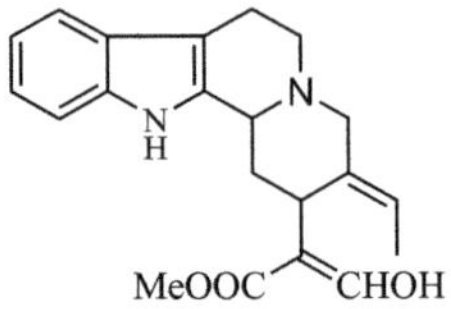

111

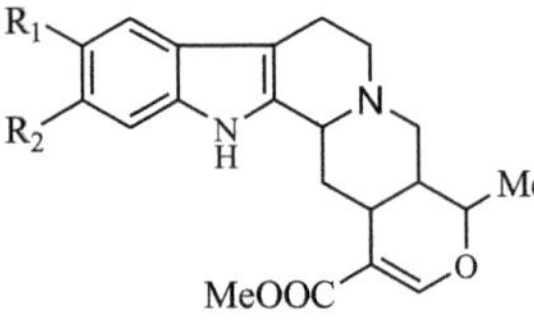

112 R_1=MeO, R_2=H
113 R_1=R_2=MeO

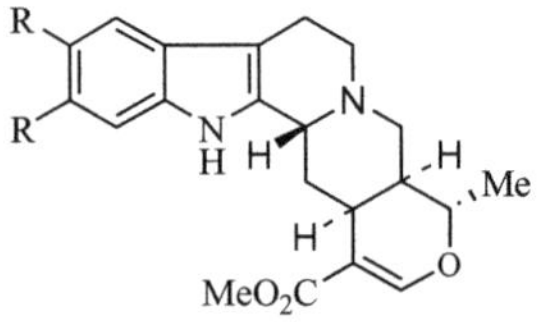

114 R=MeO

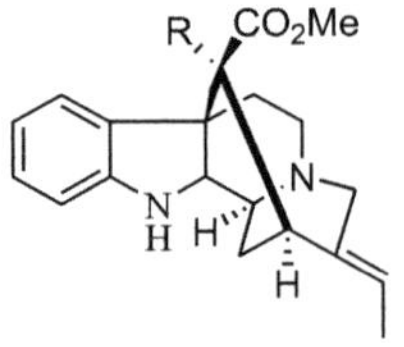

115 R=AcOCH$_2$
116 R=H

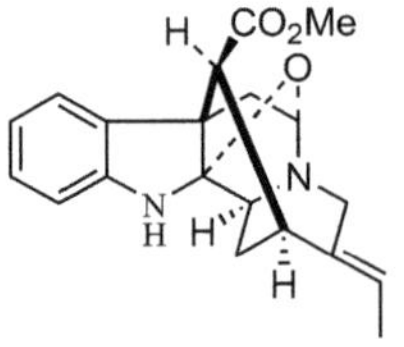

117

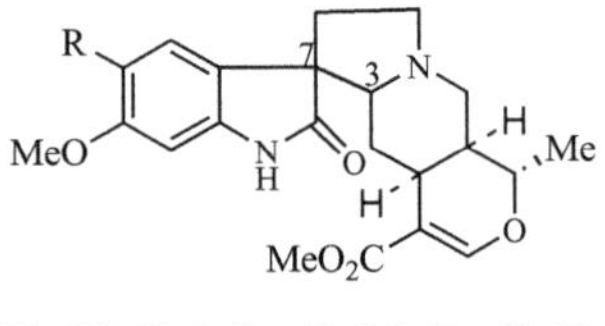

118 C3-H alpha: R=MeO, allo B
119 C3-H béta: R=MeO, epi-allo A
120 C3-H béta: R=MeO, epi-allo B

Les investigations phytochimiques effectués sur *Rauvolfia vomitoria* par Poisson et *al.* (1954), Li et *al.* (2007) et Cheng et *al.* (2008), ont permis d'isoler plusieurs composés: docosanamide (**121**), réserpine (**122**), seredin (**123**), rauvanine

(**124**), mitoridine (**125**), méthyl 3,4,5-triméthoxycinnamate (**126**), acide loganique (**127**), 19-epi-ajmalicine (**128**), 7,2'-O-diacetyl loganic acid (**129**), aribine (**130**), 17-epiajmaline (**131**), méthyl réserpate (**132**), 17-epitetraphyllicine (**133**), 12-hydroxymauiensine (**134**), raumitorine (**135**).

Deux glucosides ont été isolés de *Rauvolfia serpentina* par Itoh et *al.* en 2005: 7-épiloganin (**136**) et 6'-*O*-(3, 4, 5-triméthoxybenzoyl) glomeratose A (**137**).

I.2.2.2. Activités biologiques de quelques classes de composés isolés du genre *Rauvolfia*

Les alcaloïdes sont des molécules organiques hétérocycliques azotées, d'origine naturelle, pouvant avoir une activité pharmacologique.

La découverte en 1952 de la réserpine, un nouvel alcaloïde aux propriétés pharmacologiques importantes dans le *Rauvolfia serpentina* Benth. a suscité un nouvel intérêt dans la chimie des alcaloïdes des plantes (Ellis and West, 1963). Actuellement, cette racine fait l'objet d'une monographie à la 9ème édition de la Pharmacopée française (Bruneton, 2009). La réserpine a été très utilisée à partir des années soixante pour ses propriétés neuroleptiques et pour son action anti-hypertensive. Outre la réserpine, plusieurs composés de *Rauvolfia* sont utilisés en médecine: réserpinine, déserpidine, ajmalicine, ajmaline. En tout, pas moins de 55 alcaloïdes ont été trouvés dans *Rauvolfia serpentina*. La plante fait l'objet d'une culture commerciale en Inde.

Plusieurs alcaloïdes indoliques et dihydro indoliques isolés de *Rauvolfia serpentina* ont été utilisés pour la fabrication des nouveaux médicaments soignant les maladies cardiovasculaires (Weiss et Fintelmann, 1999). Il a également été démontré récemment que la serpentine a des propriétés anticancéreuses et antipaludiques (Wright et *al.*, 1996).

Bien que beaucoup d'alcaloïdes soient toxiques, certains sont employés dans la médecine pour leurs propriétés analgésiques, dans le cadre du protocole de sédation (anesthésie) souvent accompagnés d'hypnotiques, ou comme agent antipaludéen ou agent anticancéreux. Représentant les principes actifs de nombreuses plantes médicinales ou toxiques connues parfois depuis l'Antiquité, les alcaloïdes ont joué un rôle important dans la découverte des médicaments et dans le développement de l'industrie pharmaceutique en France à la fin du XIXe siècle. Cela ne les empêche pas d'être encore d'actualité en thérapeutique et de constituer d'importants réactifs biologiques (Delepine, 1954).

La déserpidine est un médicament antihypertenseur.

La yohimbine est un médicament psychotrope avec des effets stimulants et aphrodisiaques.

La réserpine est un médicament anti psychotique, anti hypertenseur utilisé pour le contrôle de l'hypertension artérielle et pour le soulagement des comportements psychotiques (Lewis et Elvin-Lewis, 2003).

Les multiples travaux chimiques et biologiques antérieurs sur les espèces du genre *Rauvolfia* nous ont amené, dans le cadre de la préparation de cette thèse, à étendre nos études sur l'espèce camerounaise de *Rauvolfia vomitoria* au regard des résultats chimiques et biologiques déjà obtenus sur cette espèce récoltée ailleurs (Poisson et *al.* (1954), Li et *al.* (2007) et Cheng et *al.* (2008)). La présence de plusieurs alcaloïdes indoliques parmi ces composés isolés nous ont amené à faire une étude sur cette classe de composés.

I.2.2.3. Etude des alcaloïdes

I.2.2.3.1. Généralités sur les alcaloïdes

Étymologie: le terme alcaloïde dérive de *alcali* "base" et du suffixe *oïde* "comme, semblable à"; il a été décrit en 1819 par un pharmacien de Halle, W. Meissner (1792-1853) (Bruneton, 2009). Les alcaloïdes sont des composés hétérocycliques azotés issus des plantes et des animaux.

A l'origine, le terme a été employé pour décrire n'importe quelle base de Lewis contenant un hétérocycle azoté (ou improprement une amine). À cause du doublet électronique non liant de l'azote, les alcaloïdes sont considérés comme des bases de Lewis. On trouve des alcaloïdes, en tant que métabolites secondaires, principalement chez les végétaux, les champignons et quelques groupes animaux peu nombreux: Habituellement, les alcaloïdes sont des dérivés des acides aminés (Foley, 2003).

Du point de vue structural, les alcaloïdes peuvent être classés en fonction du précurseur par lequel ils passent lors de leur synthèse dans une voie biologique. On distingue d'abord trois grandes classes suivant qu'ils possèdent ou non un acide aminé comme précurseur direct et qu'ils comportent ou non un atome d'azote dans un cycle (Tadeusz, 2007).

Les **alcaloïdes vrais** dérivent d'acides aminés et comportent un atome d'azote dans un système hétérocyclique. Ce sont des substances douées d'une grande activité biologique même à faibles doses.

Les **proto-alcaloïdes** sont des amines simples dont l'azote n'est pas inclus dans un cycle. Ils dérivent aussi d'acides aminés.

Les **pseudo-alcaloïdes** ne sont pas dérivés d'acides aminés. Ils peuvent cependant être indirectement liés à la voie des acides aminés par l'intermédiaire d'un de leurs précurseurs ou d'un de leurs postcurseurs (dérivés).

I.2.2.3.2. Biosynthèse des alcaloïdes indoliques monoterpéniques

Les alcaloïdes indoliques sont des composés qui renferment dans leurs squelettes de base l'indole (**138**). L'indole est un composé organique aromatique hétérocyclique. Le nom *indole* est dérivé de l'indigo, un pigment bleu dont la molécule contient deux groupements indoles soudés. Il peut être décrit schématiquement comme étant formé d'un cycle benzénique et d'un cycle pyrrole accolés. Le doublet électronique porté par l'atome d'azote dans la représentation de Lewis participe à la délocalisation aromatique. L'indole peut subir une substitution électrophile aromatique (substitution d'un atome d'hydrogène par un groupement électrophile). La position la plus réactive vis à vis de la substitution électrophile aromatique est la position C-3 qui est environ 1000 fois plus réactive que celles situées sur le cycle benzénique (Möhlau, 1882).

138

Les alcaloïdes indoliques regorgent une variété de groupes structuraux (Tadeusz, 2007):
- les alcaloïdes indoliques simples
- les β-carbolines alcaloïdes
- les terpènes indoliques
- les alcaloïdes quinolines
- les alcaloïdes pyrrolo indoliques
- les ergots alcaloïdes

La biosynthèse des alcaloïdes indoliques monoterpéniques a été décrite par Rodney et collaborateurs en 2000 et se présente comme suit.

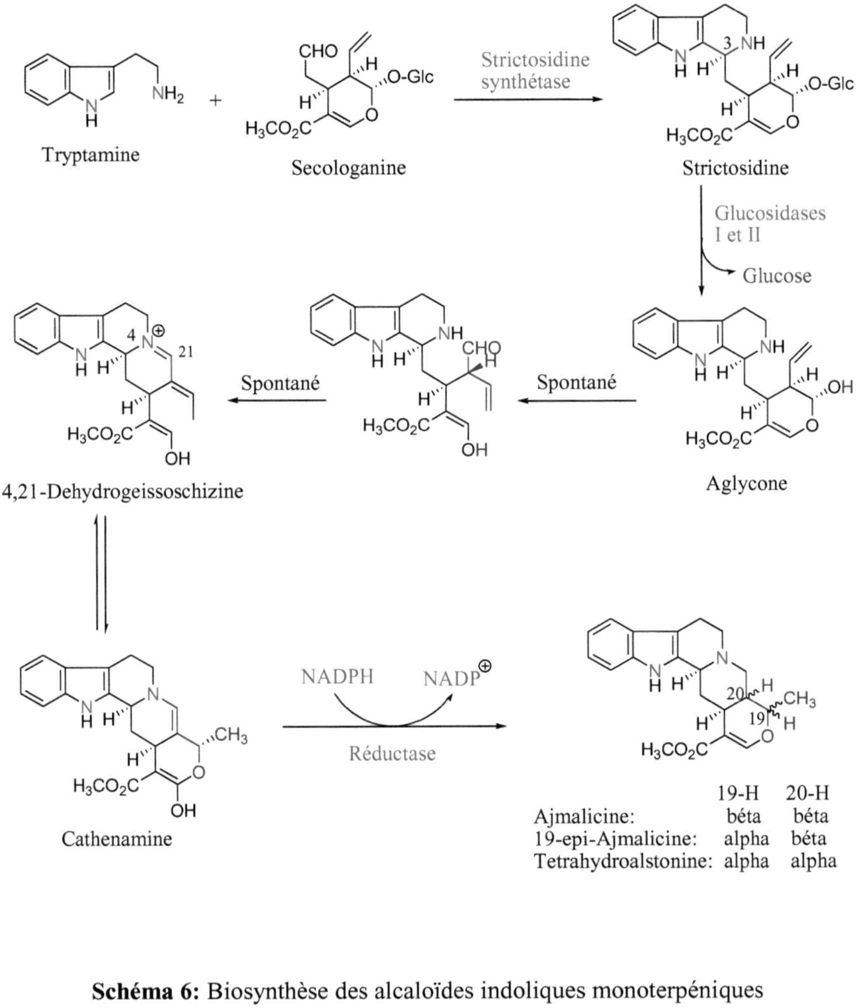

Schéma 6: Biosynthèse des alcaloïdes indoliques monoterpéniques

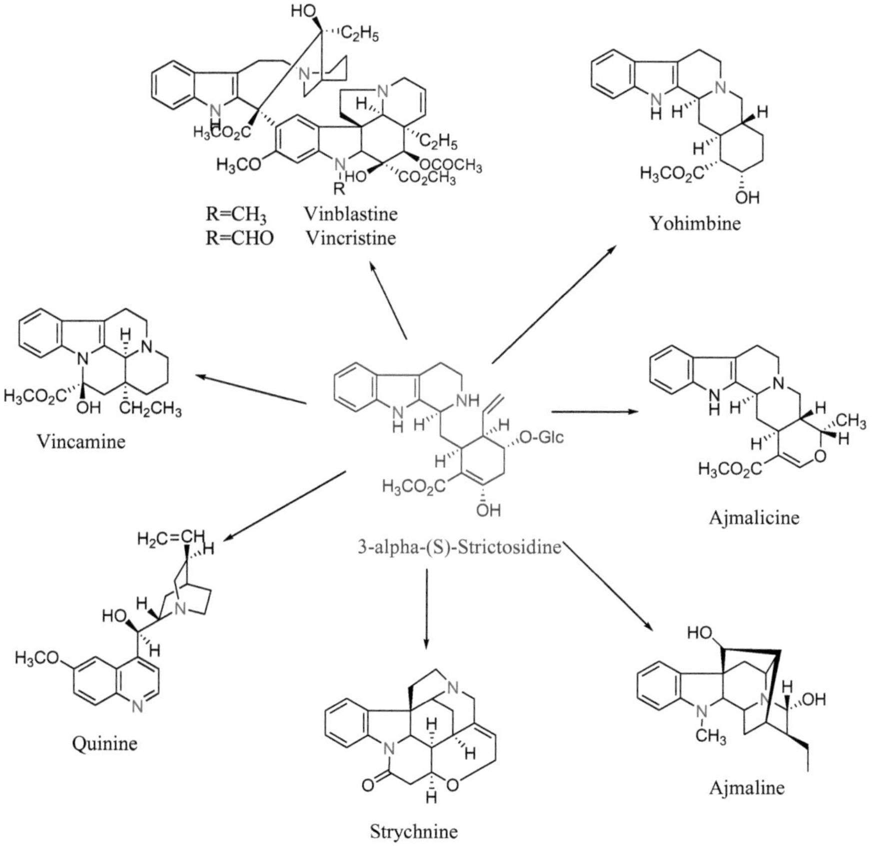

Schéma 7: Quelques alcaloïdes dérivant de la strictosidine

I.3. ACTIVITES BIOLOGIQUES

I.3.1. ACTIVITE ANTIMICROBIENNE

I.3.1.1. Généralités sur les bactéries

Les bactéries sont des micro-organismes vivants unicellulaires ayant une taille variant de 1 à 10 microns. Elles ne sont visibles qu'au microscope et leurs constituants peuvent être étudiés après désintégration par divers procédés physico-chimiques. Les bactéries ne possèdent pas d'organites tels que les mitochondries.

La paroi cellulaire permet de les diviser en bactéries Gram-positif et bactéries Gram-négatif. Les bactéries Gram-positif avec un peptidoglycane épais et des acides téichoïques fixent le cristal violet et prennent une coloration bleue alors que les bactéries Gram-négatif avec un peptidoglycane fin localisé dans le périplasme entre la membrane cytoplasmique et une membrane cellulaire externe ne fixent pas le cristal violet et ont un aspect incolore, après lavage à l'alcool ils prennent une coloration bleue (Baron, 1996).

Les microbes sont des organismes microscopiques dont les plus communément rencontrés sont les champignons et les bactéries (Roy et Saraf, 2006). Ces dernières constituent un vaste groupe de micro-organismes omniprésents qui existent depuis des millions d'années. Bien que la plupart des bactéries soient inoffensives ou bénéfiques pour l'homme et son environnement, il existe un certain nombre d'espèces pathogènes à l'origine de maladies graves comme le choléra, la syphilis, la peste, l'anthrax, la dysenterie responsables des milliers de morts. D'autres bactéries dites opportunistes causent des maladies dans des cas de défaillance du système immunitaire.

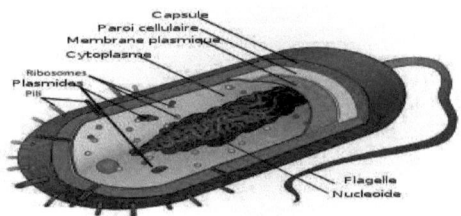

Figure 3: Structure générale d'une bactérie

I.3.1.2. Généralités sur la méthode utilisée

La méthode utilisée pour la pratique des tests antimicrobiens est celle de la dilution en milieu liquide. Elle peut être pratiquée avec des tubes (macro dilution) ou avec des plaques de 24 ou de 96 puits (micro dilution).

On distribue dans une série de tubes stériles (ou dans les puits d'une plaque), sous un même volume, des concentrations décroissantes d'antibiotiques. Puis on ajoute dans chacun des tubes, un même volume de culture de bactéries en phase exponentielle de croissance, diluée de façon à obtenir une concentration finale d'environ 10^6 bactéries/ml (Berche et *al.*, 1988). Après 18-24 heures d'incubation, la croissance est vérifiée en comparant la turbidité à celle des tubes témoins non inoculés ou en ajoutant de l'INT qui est transformé en formazan et fait apparaître la coloration rose en présence des bactéries viables (Kuete *et al.*, 2008).

I.3.1.3. Généralités sur les espèces bactériennes et la levure utilisées

Les bactéries utilisées pour effectuer les tests antimicrobiens appartiennent à deux grandes classes à savoir: celle des bactéries Gram-positif et celle des bactéries Gram-négatif. La levure utilisée pour la réalisation des tests antifongiques est le *Candida albicans*.

- *Staphylococcus aureus*:

C'est une bactérie Gram-positif sphérique non sporulante qui vit généralement sur la peau ou dans les narines. Au microscope, les bactéries du genre *Staphylococcus* sont disposées en amant formant des staffs. L'espèce *S. aureus* est rencontrée chez 30 à 40% de la population (Heyman, 2004). *Staphylococcus aureus* constitue l'une des causes majeures d'infections nosocomiales et communautaires avec un taux de mortalité d'environ 7 à 10% et un taux de complication supérieur à 24% (Jerningan et Farr, 1993). La bactérie est responsable d'une gamme variée d'infections cutanées ainsi que des maladies très dangereuses comme les pneumonies, la méningite ou les infections de plaies (Curran et Al-Salihi, 1980). Les infections non résistantes à *Staphylococcus* peuvent être traitées à l'aide des antibiotiques pendant une durée d'un mois environ.

- *Salmonella typhi*, *Salmonella paratyphi* **A** et *Salmonella paratyphi* **B**:

Les *Salmonella* sont des bactéries globulaires mobiles grâce à leurs flagelles. Les fièvres thyphiques sont causées par *Salmonella typhi* qui affecte exclusivement l'homme alors que les fièvres paratyphiques sont causées par *salmonella paratyphi* A et *Salmonella paratyphi* B qui, en plus de l'homme, affectent les animaux (Swanson et *al.*, 2007). Ces germes sont généralement trouvés dans les aliments et de l'eau contaminée. Dans les pays en voie de développement, les salmonelloses sont endémiques et constituent un véritable problème de santé publique (Okome et *al.*, 2000). Les symptômes classiques des infections à salmonelles sont la nausée et les vomissements pendant environ 8 à 48 heures après ingestion de la nourriture contaminée. On note également des crampes abdominales douloureuses et la diarrhée peu de temps après ingestion. Il existe aujourd'hui des souches de *Salmonella* résistantes à l'action des antibiotiques comme l'ampicilline, utilisées dans le traitement des salmonelloses.

- *Escherichia coli:*

C'est une bactérie Gram-négatif commensale du tube digestif qui, à la suite de certaines conditions, devient pathogène. Sa transmission est généralement orale à la suite d'une mauvaise application des règles d'hygiène. Elle cause les infections urinaires ou la méningite néonatale et des colites généralement précédées d'une diarrhée non sanguinolente, accompagnées des crampes abdominales d'un à deux jours. Malgré les résistances observées, les infections à *E. coli* peuvent être contrôlées par des antibiotiques usuels tels que les céphalosporines et les aminoglycosides.

- *Pseudomonas aeruginosa*:

C'est une bactérie Gram-négatif du sol et de l'air, mesurant en moyenne 0,65 µm par 2,25 µm. C'est un microorganisme hospitalier très important qui se trouve véhiculé par les soignants. Cette bactérie est très redoutée pour l'infection pulmonaire notamment avec son risque de choc toxique (Heron, 2008). Elle reste un des germes les plus redoutés en cancérologie et possède un taux de mortalité de près de 50% chez les patients atteints de cancer, fibroses ou victimes de brûlures (Kenneth, 2008). *Pseudomonas aeruginosa* est caractérisé par une résistance naturelle à de nombreux antibiotiques; il a une capacité d'acquisition de nouvelles résistances à des composés habituellement actifs. La combinaison de la gentamicine et de la carbenicilline est conseillée pour les cas graves et les antibiotiques récents permettent de contrôler cette infection (Heron, 2008).

- ***Candida albicans*:**

Candida albicans est un organisme vivant à l'état naturel sur la peau, dans la bouche, dans l'appareil génital et le tube digestif de l'être humain: C'est l'espèce de levure la plus importante et la plus connue du genre *Candida*. On la retrouve chez 80 % de la population, et elle peut provoquer des infections fongiques (candidiase ou candidose) essentiellement au niveau des muqueuses digestive et gynécologique car il s'agit d'un pathogène opportuniste très polyvalent. Les candidoses sont une cause importante de mortalité chez les patients immunodéprimés comme les patients atteints du sida, les patients cancéreux sous chimiothérapie ou après transplantation de moelle osseuse. Lorsque *Candida* s'infiltre dans le flux sanguin, l'infection devient systémique et on parle alors de candidémie.

I.3.2. ACTIVITE ANTI-INFLAMMATOIRE

I.3.2.1. Généralités sur l'inflammation

L'inflammation est une réaction de défense de l'organisme à une lésion ou à une stimulation cellulaire excessive ou anormale. Elle peut résulter d'un traumatisme, d'une brûlure, d'une irradiation ou de la pénétration d'agents pathogènes extérieurs (virus, bactéries, parasites, antigènes, ect) ou d'auto antigènes dans l'organisme (Dayer et Schorderet, 1992). Elle se caractérise généralement par la chaleur, la douleur, la rougeur, la tumeur et comporte des manifestations vasculaires (œdème, vasodilatation), cellulaires (activation leucocytaire et macrophagique) et tissulaires (organisation et réparation) (Kerbaum et *al.*, 1998). Cette réaction permet la mise en place des mécanismes permettant l'élimination de l'agent étranger, l'élimination qui sera plus rapide lors d'une rencontre ultérieure avec les mêmes agents. Cette réaction est non spécifique car elle est indépendante des lymphocytes (Schorderet, 1998;

Teixeira et al., 2003). On distingue deux types d'inflammations: l'inflammation aiguë et l'inflammation chronique.

L'inflammation aiguë est une réponse de l'organisme qui fait intervenir à la fois une réponse localisée et une réponse systémique. Quelques minutes après la lésion des tissus, on note une vasodilatation, une augmentation de la perméabilité vasculaire et des migrations leucocytaires contrôlées par la production et la diffusion des messagers chimiques tels que la bradykinine, les fibrinopeptides, l'histamine et les prostaglandines (Stevens et Lowe, 1997).

L'inflammation chronique est une réaction inflammatoire de longue durée pouvant aller de quelques semaines à quelques années. Les composantes des membranes de certains agents pathologiques les rendent résistants à la phagocytose; ce qui conduit à une réponse inflammatoire chronique.

Notre étude avait pour but d'évaluer l'activité anti-inflammatoire des extraits au méthanol des tiges de *Drypetes laciniata* et des feuilles de *Rauvolfia vomitoria*. Les expériences ont été réalisées sur le modèle de l'œdème aiguë de la patte de rat induit par la carragéenine.

I.3.2.2. Inflammation aiguë induite par la carragéenine

L'œdème de la patte induite par la carragéenine chez les animaux est le model expérimental animal approprié qui permet d'évaluer l'effet anti œdémateux des produits naturels ou bien l'effet des anti-inflammatoires stéroïdiens et non stéroïdiens (Garcia et Gibson, 2004). La carragéenine induit une réponse inflammatoire qui se déroule en trois phases (Singh et al., 1996):
- La première phase (0 – 2 h) implique la libération de la sérotonine et de l'histamine
- La seconde phase (3 h) la libération des kinines
- La troisième phase (> 4 h) la libération des prostaglandines

I.3.2.3. Traitement des inflammations

L'inflammation est une réaction de défense de l'organisme à diverses agressions qui peuvent être d'origine physique, chimique, biologique (réponse immunitaire) ou infectieuse. Le traitement actuel de l'inflammation fait appel aux anti-inflammatoires stéroïdiens (glucocorticoïdes) et non stéroïdiens comme l'aspirine. Ces molécules, bien qu'étant efficaces, présentent le plus souvent des effets indésirables qui peuvent gêner leur utilisation au long cours (Gaziano et al., 2006).

Les anti-inflammatoires non stéroïdiens (AINS) sont largement utilisés pour le traitement des réactions inflammatoires. Ils inhibent la cyclo-oxygénase, empêchent la transformation de l'acide arachidonique en endoperoxydes, point de départ des prostaglandines, de la prostacycline et des tromboxanes. Ils inhibent également l'élaboration des kinines et stabilisent la membrane des lysosomes, empêchant la libération des composés pro-inflammatoires (Pieri et Kirkiacharian, 1992).

Les anti-inflammatoires stéroïdiens sont des glucocorticoïdes synthétisés à partir du cholestérol dans la zone fasciculée de la corticosurrénale (Pieri et Kirkiacharian, 1992). Les corticostéroïdes naturels (cortisol, cortisone) pourraient diminuer le nombre de leucocytes et manifestent également des actions immunosuppressives, ils stabilisent la membrane lysosomale et réduisent la sécrétion d'enzymes protéolytiques (Schorderet et Dayer, 1992).

CHAPITRE II:
RESULTATS ET DISCUSSION

II.1. INTRODUCTION

L'espèce *Drypetes laciniata* est une plante de la famille des Euphorbiaceae. Ses tiges, récoltées en Novembre 2005 dans la réserve du Dja à l'Est Cameroun, ont été découpées, séchées, broyées et extraites au MeOH à température ambiante.

Plusieurs techniques chromatographiques effectuées sur cet extrait nous ont permis d'isoler dix composés indexés de DL_1 à DL_{10} (schéma 8).

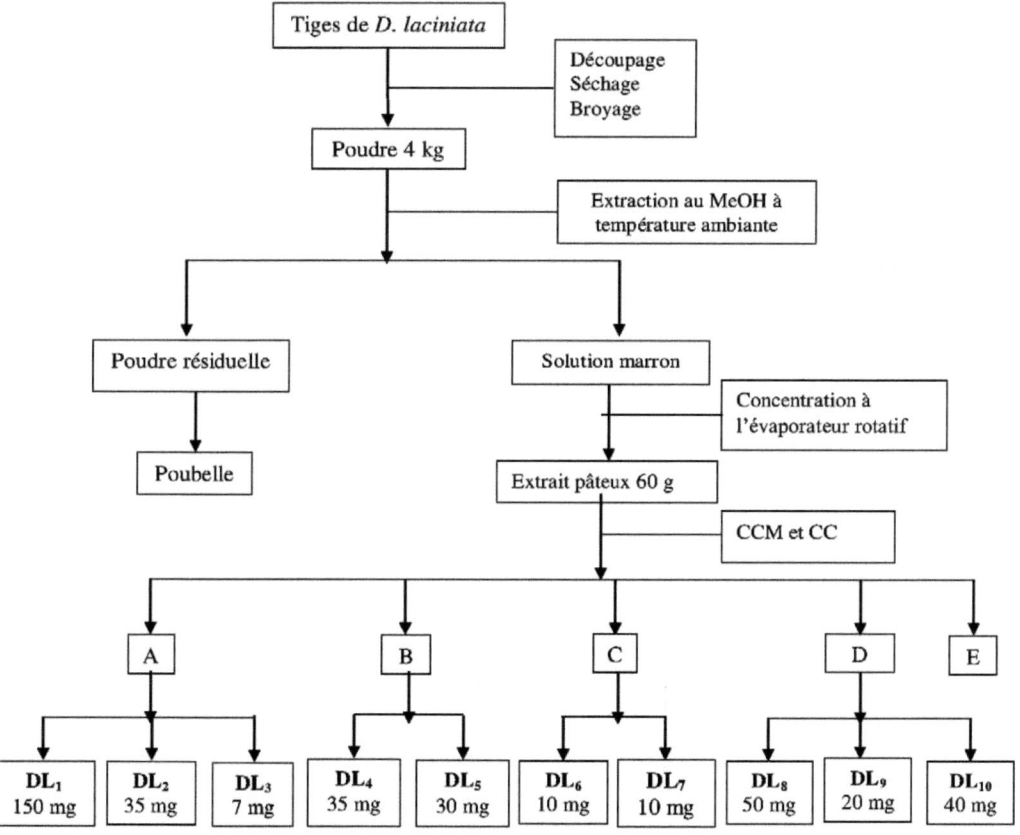

Schéma 8: Protocole d'extraction et d'isolement des composés des tiges de *Drypetes laciniata*.

Par ailleurs, les feuilles, les écorces du tronc et les écorces des racines de *Rauvolfia vomitoria* une plante de la famille des Apocynaceae ont été récoltées en Février 2007 dans la région de Mbalmayo. Les différentes parties ont été découpées, séchées, broyées et extraites au MeOH à température ambiante. Les protocoles d'extraction et d'isolement des trois parties de la plante sont résumés respectivement dans les schémas 9, 10 et 11 suivants.

Plusieurs techniques de chromatographies et de purification effectuées sur l'extrait des feuilles de *Rauvolfia vomitoria* ont permis d'isoler six composés indexés de RV_1 à RV_6 (schéma 9).

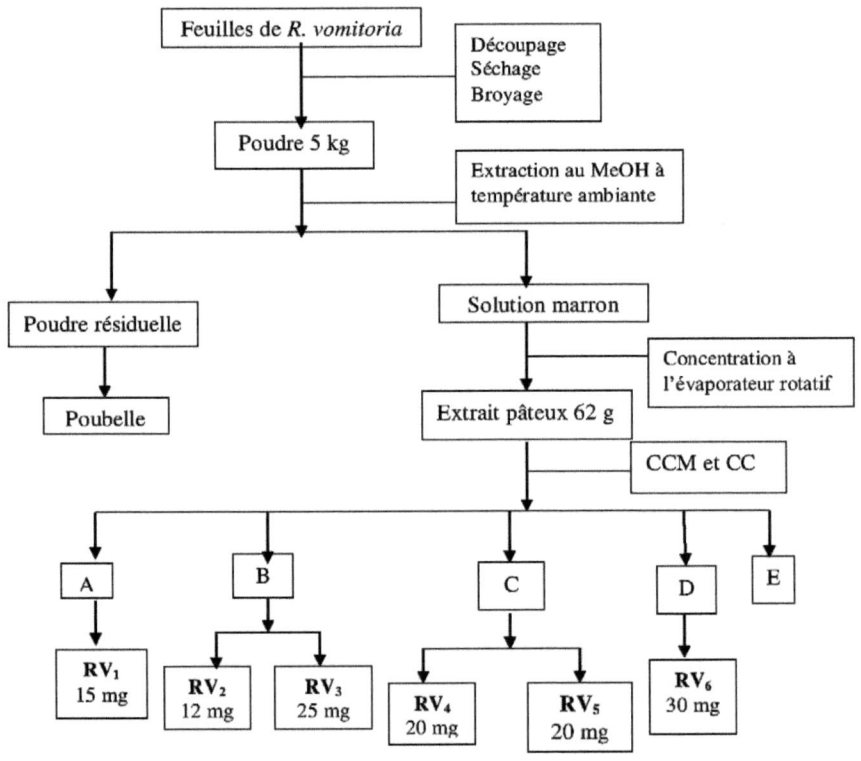

Schéma 9: Protocole d'extraction et d'isolement des composés des feuilles de *Rauvolfia vomitoria*

Plusieurs techniques de chromatographies et de purification effectuées sur l'extrait des écorces du tronc de *Rauvolfia vomitoria* ont permis d'isoler quatre composés indexés de R_1 à R_4 (schéma 10).

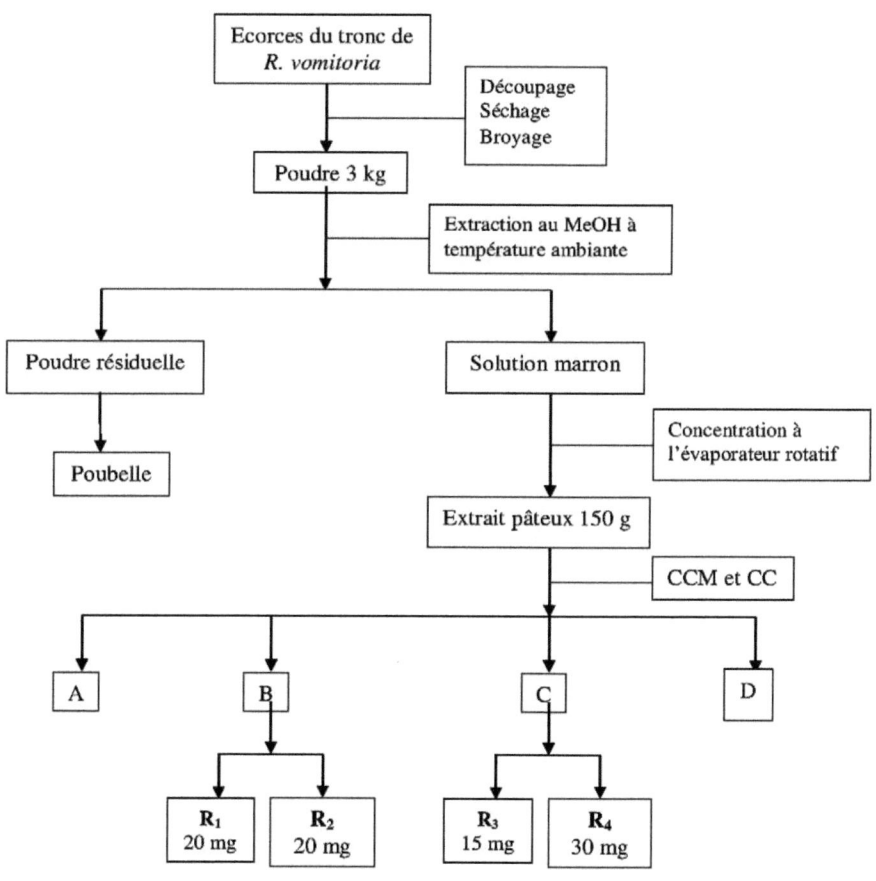

Schéma 10: Protocole d'extraction et d'isolement des composés des écorces du tronc de *Rauvolfia vomitoria*

Plusieurs techniques de chromatographies et de purification effectuées sur l'extrait des écorces des racines de *Rauvolfia vomitoria* ont permis d'isoler cinq composés indexés de R_a à R_e (schéma 11).

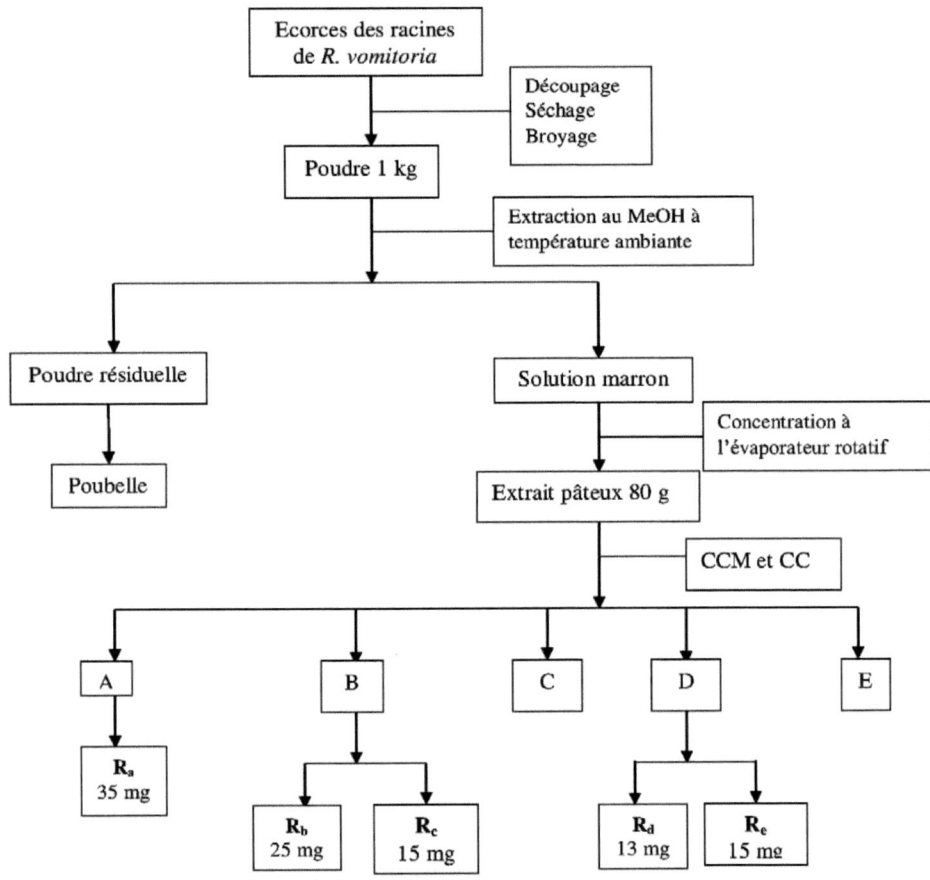

Schéma 11: Protocole d'extraction et d'isolement des composés des écorces des racines de *Rauvolfia vomitoria*

L'étude phytochimique effectuée sur les tiges de *Drypetes laciniata* a conduit à l'isolement et à la caractérisation de 10 composés. Celle effectuée sur *Rauvolfia vomitoria* a conduit à: 6 composés des feuilles, 4 composés des écorces du tronc et 5 composés des écorces des racines. Parmi les quinze (15) composés isolés et caractérisés, (2) ont été identiques dans les feuilles et les racines du tronc et (1) a été isolé dans les trois parties de la plante. Donc en définitive, nous avons isolé et caractérisé dix (10) composés de *Drypetes laciniata* et onze (11) composés de *Rauvolfia vomitoria*. Tout ceci est résumé dans le tableau V ci après.

Tableau V: Tableau récapitulatif des composés isolés des deux plantes

Tiges de *DL*	Feuilles de *RV*	Ecorces du tronc de *RV*	Ecorces des racines de *RV*
DL_1	RV_1	R_1	R_a
DL_2	RV_2	R_2	R_b
DL_3	RV_3	R_3	R_c
DL_4	RV_4	R_4	R_d
DL_5	RV_5		R_e
DL_6	RV_6		
DL_7			
DL_8			
DL_9			
DL_{10}			

$RV_4 = R_1 = R_b$; $RV_5 = R_2$; $RV_6 = R_4$

Les structures des vingt-un (21) composés ont été déterminées sur la base de leurs données spectrales notamment la SM, la RMN ^1H et la RMN ^{13}C à une et deux dimensions. Ces structures ont été confirmées par des corrélations chimiques et par comparaison avec des données de la littérature ou si possible, avec un échantillon authentique de référence au laboratoire.

II.2. ELUCIDATION OU IDENTIFICATION DES STRUCTURES DES COMPOSES ISOLES

II.2.1. ELUCIDATION OU IDENTIFICATION DES STRUCTURES DES COMPOSES ISOLES DE *DRYPETES LACINIATA*

II.2.1.1. Détermination de la structure de DL$_7$

DL$_7$ est un composé qui a été obtenu sous forme de cristaux blancs dans le mélange Hex/AE (60/40) et fond entre 205-206°C. Il est soluble dans la pyridine et répond positivement au test de Liebermann - Burchard caractéristique des triterpénoïdes en donnant une coloration rouge violacée.

La formule moléculaire de DL$_7$, $C_{30}H_{46}O_4$ a été déduite de l'analyse de son spectre de masse GC/MS qui présente le pic de l'ion moléculaire [M]$^+$ à *m/z* 470, donc l'analyse à haute résolution par la technique ESI TOF en mode positive (figure 4) présente le pic de l'ion moléculaire protoné [M+H]$^+$ à *m/z* 471.3389 (calcd. 470.3396), Cette formule brute $C_{30}H_{46}O_4$ renferme huit insaturations.

Le spectre IR de DL$_7$ montre les bandes de vibration à 3415 et 1725 cm^{-1} attribuables aux groupements hydroxyle (OH) et carbonyle (C=O) respectivement.

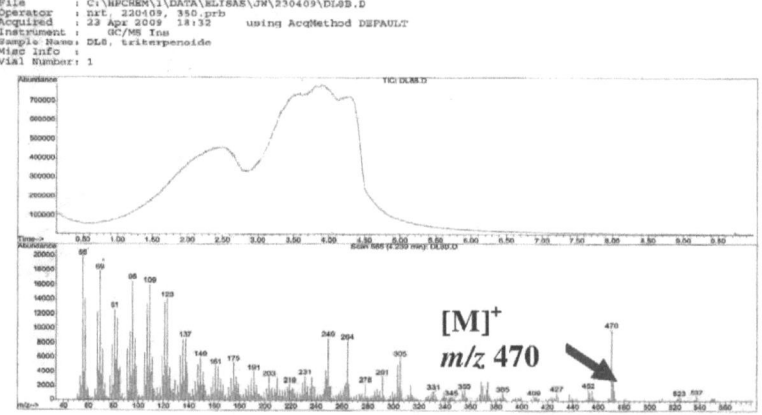

Figure 4: Spectre de masse de DL$_7$

Le spectre de RMN ^{1}H de DL$_7$ (figure 5) montre huit singulets intenses de trois protons chacun entre δ_H 1,00 – 1,50 ppm attribuables aux huit méthyles angulaires du squelette des triterpènes pentacycliques (Ageta et Arai, 1983). Ce spectre montre également un triplet d'un proton apparaissant sous forme d'amas à δ_H 3,94 ppm attribuable au proton situé au pied d'un hydroxyle. Il apparaît également sur ce spectre un singulet d'un proton à δ_H 3,55 ppm attribuable au proton H-8 suggérant la présence d'un carbonyle en position C-7. De plus, on observe sur ce spectre un doublet de trois protons à δ_H 1,05 ppm (J = 6,6 Hz) attribuable aux protons du méthyle - 23 du squelette des friedelanes.

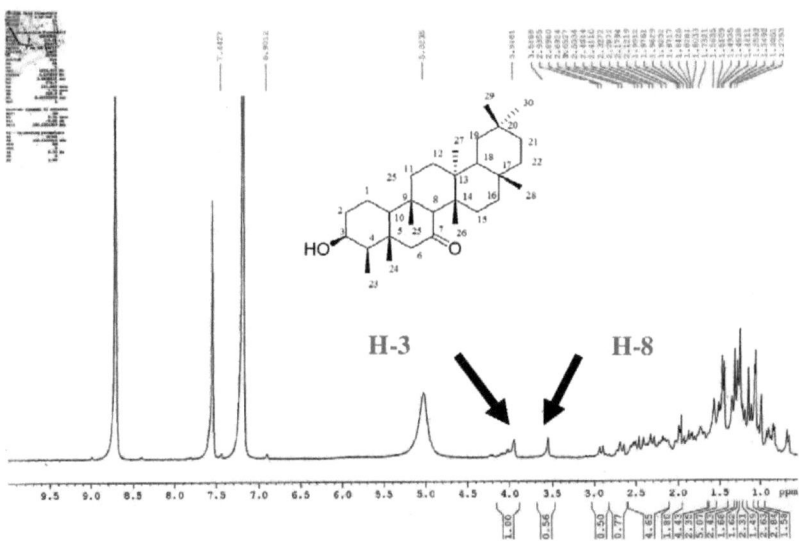

Figure 5: Spectre de RMN ^{1}H de DL$_7$

Le spectre de RMN ^{13}C découplé large bande de DL$_7$ (figure 6) montre 30 signaux de carbone bien distincts. Celui à δ_C 12,2 ppm est attribuable au carbone du méthyle - 23 du squelette de type-friedelane portant un hydroxyle en C-3 (δ_C 70,4 ppm; δ_H 3,94 ppm). Sur ce spectre, on observe trois signaux à δ_C 217,3; 212,0 et 209,9 ppm attribuables aux carbonyles des fonctions cétones dont les positions sur le squelette ont pu être déterminées sur la base des spectres DEPT, HSQC, HMBC, COSY et NOESY.

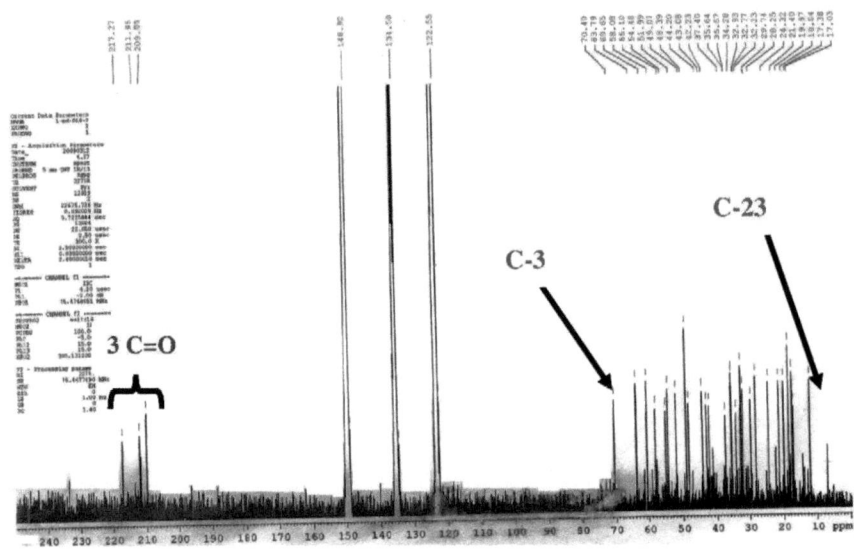

Figure 6: Spectre de RMN ^{13}C de DL$_7$

L'analyse des spectres HSQC et DEPT (figure 7) de DL$_7$ a permis de répartir les carbones en huit méthyles, huit méthylènes, cinq méthines et neuf carbones quaternaires.

Le spectre HMBC de DL$_7$ (figure 8) montre les taches de corrélation entre les protons H-8 (δ_H 3,55 ppm), H-6 (δ_H 2,45 ppm) et le carbonyle à δ_C 209,9 ppm, ce qui nous a permis de confirmer la présence d'un carbonyle en position C-7. De même, sur ce spectre, on observe les couplages entre les protons H-21 (δ_H 2,70 et 1,85 ppm) et le carbonyle à δ_C 217,3 ppm d'une part et d'autre part, entre les protons du méthyle 28 (δ_H 1,24 ppm) et ce carbonyle permettant de fixer ce second carbonyle en position C-22. Ce spectre montre également les corrélations entre les protons H-11 (δ_H 2,90 et 2,30 ppm), les protons du méthyle - 27 (δ_H 1,44 ppm) et le carbonyle à δ_C 212,0 ppm. Tout ceci nous permet de fixer le troisième carbonyle en position C-12.

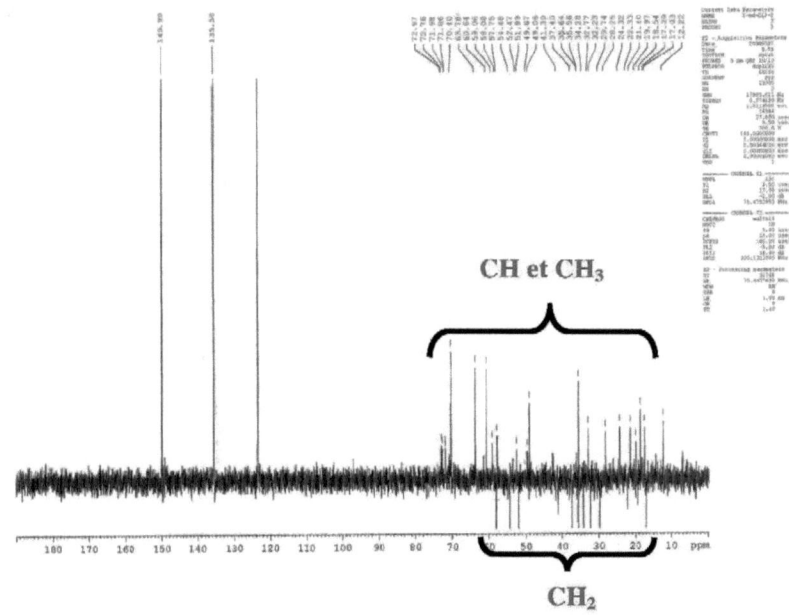

Figure 7: Spectre DEPT de DL$_7$

Les positions du groupement hydroxyle et des 3 carbonyles sont également confirmées par les ions fragments observés sur le spectre de masse et dont la fragmentation est proposée dans le schéma 12: l'ion fragment observé à m/z 452 [M – H$_2$O] confirme la présence de trois carbonyles et d'un groupement hydroxyle dans la structure de DL$_7$. Le pic à m/z 305 suggère la présence d'un hydroxyle et de 2 carbonyles sur les cycles A, B et C. Le pic à m/z 219 suggère la présence du 3ème carbonyle sur le cycle D ou E tandis que celui à m/z 138 confirme sa présence sur le cycle E.

Le spectre COSY ^{1}H ^{1}H de DL$_7$ (figure 9) montre les corrélations entre certains protons.

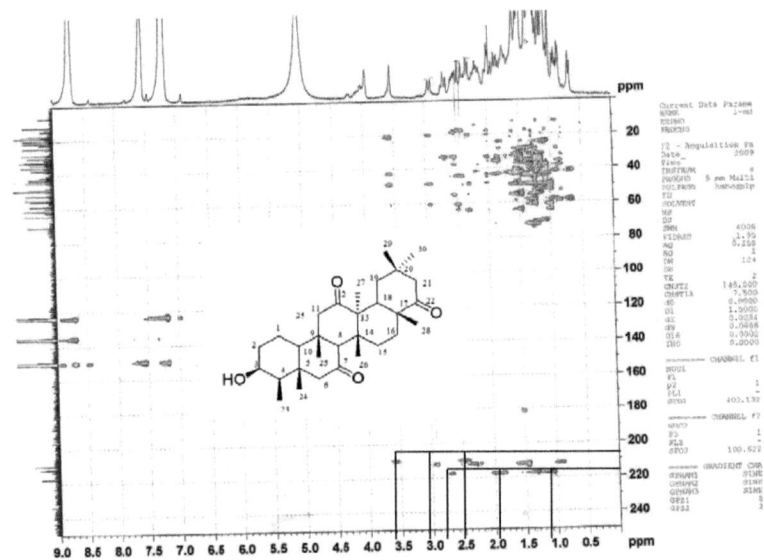

Figure 8: Spectre HMBC de DL$_7$

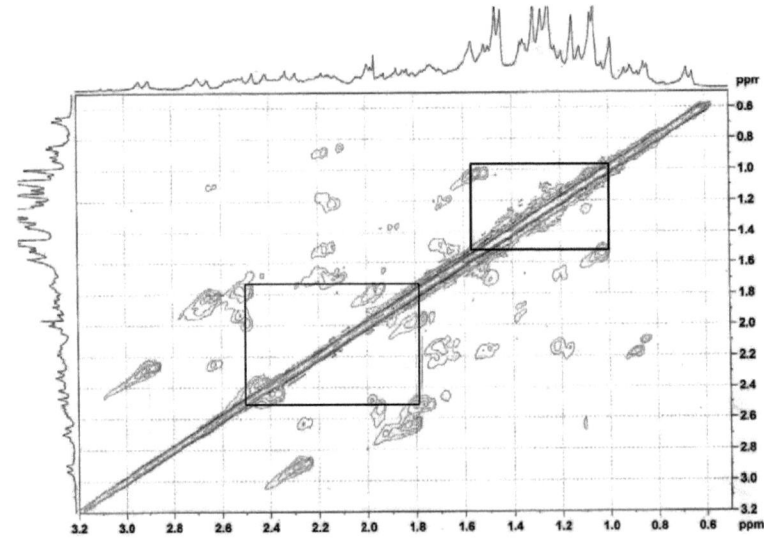

Figure 9: Spectre COSY ^{1}H ^{1}H de DL$_7$

La figure 10 montre entre autres, une corrélation observée sur le spectre NOESY de DL_7 entre le proton H-3 et les protons du méthyle - 23; ceci indique qu'ils sont proches dans l'espace; par ailleurs, la constante de couplage du proton H-3 (J = 2,0 Hz) nous permet de l'orienter en α-équatorial, et par conséquent, de fixer le groupement OH-3 en orientation β-axial, ceci en accord avec les données de la littérature (Salazar et *al.*, 2000).

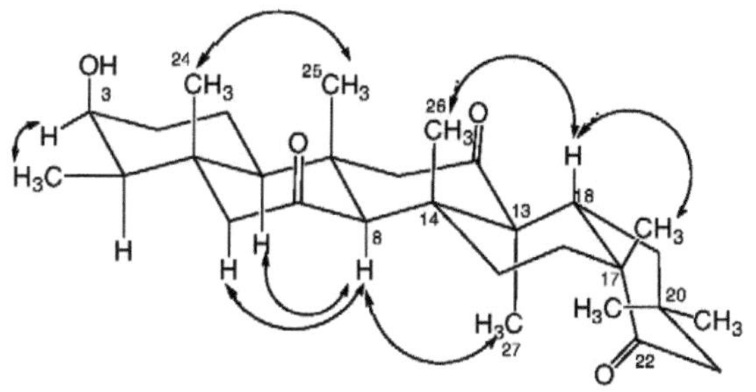

Figure 10: Corrélations NOESY du composé DL_7

Toutes ces données physiques et spectroscopiques ont permis d'attribuer au composé DL_7 la structure **139** qui est celle de la **3β-hydroxyfriedelan-7,12,22-trione**. C'est un nouveau dérivé de triterpène pentacyclique de type friedelane que nous décrivons ici pour la première fois (Fannang et *al.*, 2011).

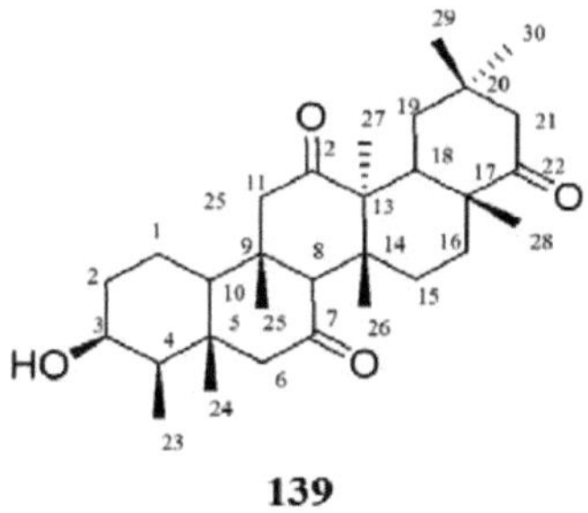

139

Tableau VI: Données spectrales de RMN ^{13}C (75 MHz) et ^{1}H (300 MHz) du composé DL$_7$ (D$_5$)

position	δ ^{13}C (ppm)	DEPT	δ ^{1}H (ppm) [m, J (Hz)]
1	17,0	CH$_2$	1,22 (m)
			1,40 (m)
2	35,7	CH$_2$	1,66 (m)
			2,12 (m)
3	70,4	CH	3,94 (q-like; 2,0; H$_{eq}$)
4	49,1	CH	1,55 (m)
5	42,2	C	/
6	58,1	CH$_2$	2,20 (d; 11,4; H$_{eq}$)
			2,45 (d; 11,4; H$_{ax}$)
7	209,9	C	/
8	63,8	CH	3,55 (s)
9	44,2	C	/
10	60,6	CH	2,00^b (m)
11	52,0	CH$_2$	2,30 (d; 11,4; H$_{eq}$)
			2,90 (d; 11,4; H$_{ax}$)
12	212,0	C	/
13	55,1	C	/
14	48,4	C	/
15	32,2	CH$_2$	1,31^b (m)
			1,52 (m)
16	37,4	CH$_2$	1,70 (m)
			2,00^b (m)
17	43,1	C	/
18	35,6	CH	2,50 (m)
19	34,3	CH$_2$	1,20 (m)
			1,70^b (m)
20	32,9	C	/
21	54,5	CH$_2$	1,85 (d; 8,6; H$_{eq}$)
			2,70 (d; 8,6; H$_{ax}$)
22	217,3	C	/
23	12,2	CH$_3$	1,05 (d; 6,6)
24	17,4	CH$_3$	1,31^b (s)
25	20,0	CH$_3$	0,99 (s)
26	21,4	CH$_3$	1,46 (s)
27	18,5	CH$_3$	1,44 (s)
28	28,3	CH$_3$	1,24 (s)
29	24,3	CH$_3$	1,27 (s)
30	32,8	CH$_3$	1,16 (s)

^{b} signaux superposables

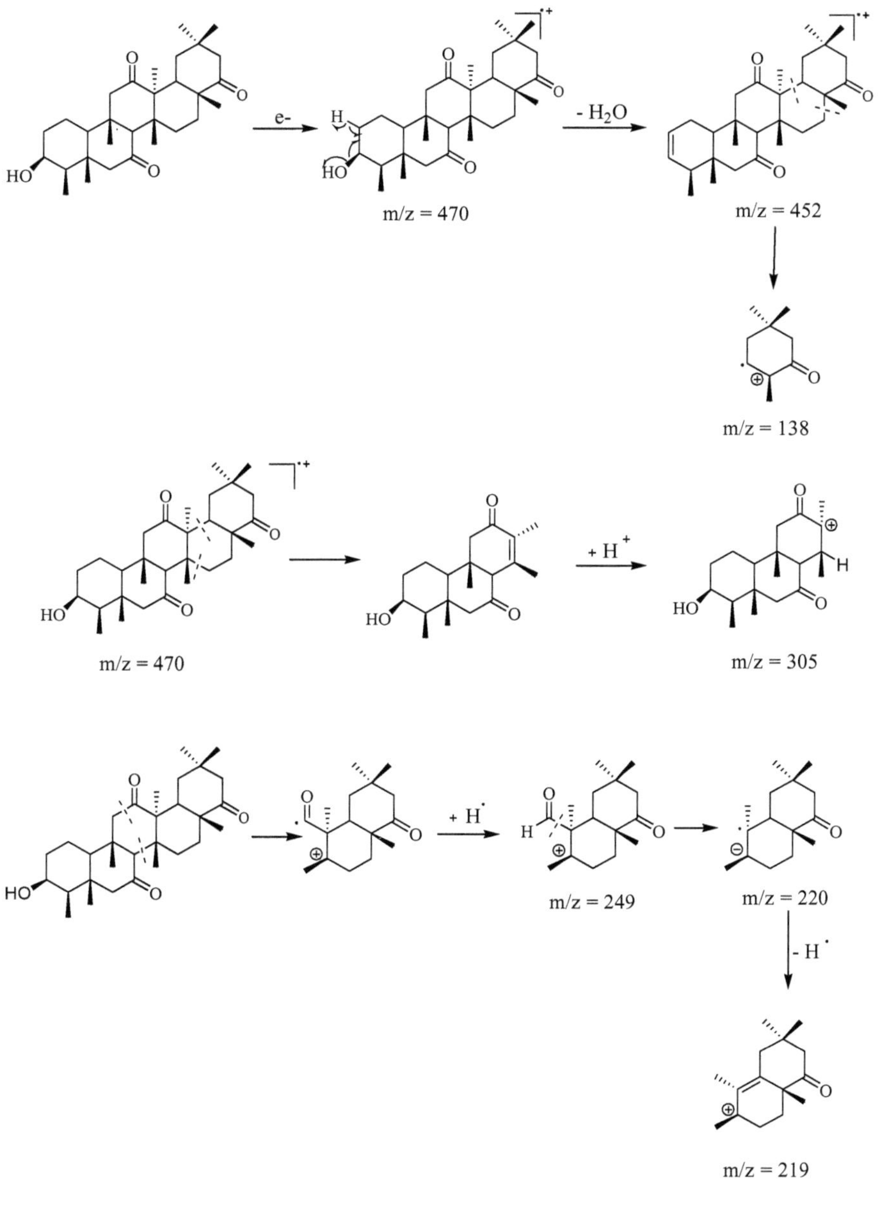

Schéma 12: Fragmentation du composé DL$_7$

II.2.1.2. Identification de DL$_1$

DL$_1$ est un composé obtenu sous forme de cristaux blancs dans le mélange Hex/AE (95/5) et fond à 255°C. Il est soluble dans le chloroforme et répond positivement au test de Liebermann - Burchard caractéristique des triterpénoïdes en donnant une coloration rouge violacée.

Le spectre de RMN ^{1}H de DL$_1$ montre sept singulets intenses de trois protons chacun entre δ_H 0,70 – 1,35 ppm attribuables aux sept méthyles angulaires suggérant le squelette des triterpénoïdes pentacycliques de type friedelane (Ageta et Arai, 1983). On observe également sur ce spectre un doublet de trois protons à δ_H 0,88 ppm (J = 6,5Hz) attribuable aux protons du méthyle - 23 et confirmant le squelette de type friedelane. On observe un quadruplet d'un proton à δ_H 2,35 ppm attribuable au proton en position C-4 confirmant la présence du carbonyle en position C-3.

Le spectre de RMN ^{13}C découplé large bande de DL$_1$ (figure 11) montre 30 signaux de carbone bien distincts. Celui à δ_C 6,8 ppm est attribuable au carbone du méthyle - 23 compatible avec le squelette de type friedelane renfermant le carbonyle en C-3. Le signal observé à δ_C 213,4 ppm est attribuable au carbonyle en C-3 en accord avec la biosynthèse des triterpénoïdes pentacycliques (Bruneton, 2009).

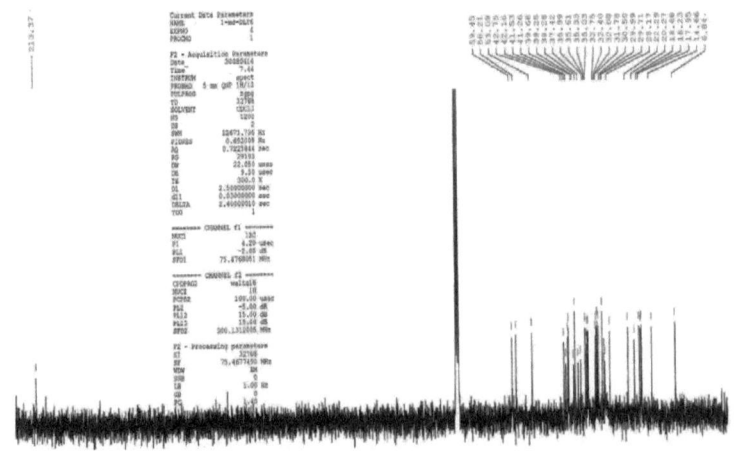

Figure 11: Spectre de RMN ^{13}C de DL$_1$

Ces données physiques et spectroscopiques comparées à celles décrites dans la littérature notamment la RMN ^{13}C, ont permis d'identifier DL$_1$ à la **friedeline** ou **friedelan-3-one** (**32**) (Mahato et Kundu, 1994).

Ce composé et d'autres dérivés de type friedelane ont été déjà isolés de plusieurs espèces de *Drypetes* (*voir chapitre I*).

32

II.2.1.3. Identification de DL$_2$

DL$_2$ est un composé obtenu sous forme de cristaux blancs dans le mélange Hex/AE (95/5) et il fond à 285°C. Il est soluble dans le chloroforme et répond positivement au test de Liebermann - Burchard caractéristique des triterpénoïdes en donnant une coloration rouge violacée.

Le spectre de RMN ^{1}H de DL$_2$ (figure 12) est semblable à celui de DL$_1$ à la seule différence qu'on observe un singulet d'un proton à δ_H 2,87 ppm attribuable au proton H-8 suggérant la présence d'un carbonyle en position C-7.

Le spectre de RMN ^{13}C découplé large bande de DL$_2$ montre 30 signaux de carbone bien distincts. Celui à δ_C 6,9 ppm est attribuable au carbone du méthyle - 23 compatible avec le squelette de type friedelane. Le signal observé à δ_C 210,9 ppm est attribuable au carbone C-3 d'après la biosynthèse des triterpénoïdes pentacycliques et celui à δ_C 210,4 ppm est attribuable au carbone C-7 (Mahato et Kundu, 1994).

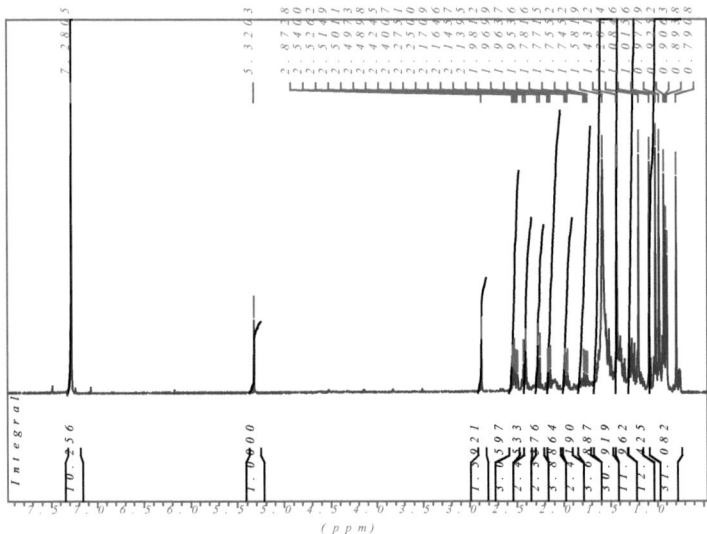

Figure 12: Spectre de RMN ^{1}H de DL$_2$

Ces données physiques et spectroscopiques, comparées à celles décrites dans la littérature, ont permis d'identifier DL$_2$ à la **friedelan-3,7-dione (12)** (Mahato et Kundu, 1994).

II.2.1.4. Identification de DL$_3$

DL$_3$ est un composé obtenu sous forme de poudre blanche dans le mélange Hex/AE (50/50). Il est soluble dans le chloroforme et répond positivement au test de Liebermann - Burchard caractéristique des triterpènes.

Les spectres de RMN ^{13}C et de RMN ^{1}H de DL$_3$ sont semblables à ceux de DL$_2$ à la seule différence qu'on observe sur le spectre de RMN ^{1}H de DL$_3$ un système AB à δ_H 2,61 et 2,10 ppm (J = 11,5 Hz) attribuable aux deux protons du carbone C-16 situé en α du carbonyle permettant de fixer le second carbonyle en position 15.

Ces données physiques et spectroscopiques, comparées à celles décrites dans la littérature, ont permis d'identifier DL$_3$ à la **friedelan-3,15-dione** (**140**) (Mahato et Kundu, 1994).

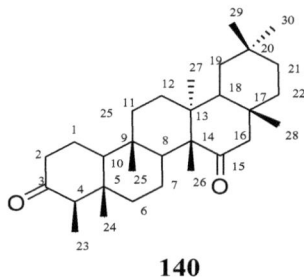

140

Tableau VII: Données spectrales de RMN ^{13}C (75 MHz, CDCl$_3$) des composés DL$_1$, DL$_2$ et DL$_3$ comparées à celles des composés (**32**), (**12**) et (**140**) (CDCl$_3$)

N° C	DL$_1$ ^{13}C (ppm)	32 ^{13}C (ppm)	DL$_2$ ^{13}C (ppm)	12 ^{13}C (ppm)	DL$_3$ ^{13}C (ppm)	140 ^{13}C (ppm)
1	22,3	22,3	21,7	21,6	22,4	22,3
2	41,2	41,5	41,0	40,8	41,1	41,4
3	213,4	213,2	210,9	210,6	213,1	213,1
4	58,2	58,2	57,9	57,8	58,0	58,2
5	41,5	42,1	47,1	47,0	42,0	42,0
6	41,3	41,3	57,0	56,9	40,5	40,5
7	18,2	18,2	210,4	210,2	21,3	21,3
8	53,1	53,1	63,6	63,4	45,3	45,3
9	37,4	37,4	42,5	42,4	37,2	37,2
10	59,4	59,4	59,1	59,0	59,3	59,3
11	35,6	35,6	35,6	35,5	34,4	34,4
12	30,5	30,5	29,9	29,8	29,4	29,4
13	39,7	39,7	39,5	39,4	43,0	42,4
14	38,3	38,3	37,6	37,5	56,0	54,2
15	32,4	32,4	31,7	31,6	212,2	214,1
16	36,0	36,0	36,4	36,3	54,0	54,0
17	30,0	30,0	30,2	30,1	33,5	33,5
18	42,7	42,8	41,9	41,8	44,0	44,0
19	35,3	35,3	34,7	34,9	34,9	34,9
20	28,2	28,1	28,2	28,0	28,4	27,9
21	32,7	32,7	32,9	32,8	32,1	33,8
22	39,2	39,2	38,8	38,6	39,1	38,6
23	6,8	6,8	6,9	6,8	6,9	6,8
24	14,7	14,6	15,3	15,1	14,5	15,0
25	17,9	17,9	18,4	18,2	18,1	17,4
26	20,3	20,2	19,3	19,2	14,7	14,7
27	18,7	18,6	19,6	19,4	18,9	18,9
28	32,1	32,1	32,2	32,1	32,0	32,2
29	35,0	35,0	31,9	31,8	33,6	33,3
30	31,8	31,8	34,7	34,6	32,4	33,4

II.2.1.5. Identification de DL₅

DL$_5$ est un composé obtenu sous forme de cristaux blancs dans le mélange Hex/AE (50/50) et fond entre 308 – 310°C. Il est soluble dans la pyridine et répond positivement au test de Liebermann - Burchard caractéristique des triterpènes en donnant une coloration rouge violacée.

Le spectre de RMN ^{1}H de DL$_5$ montre sept singulets intenses de trois protons chacun entre δ_H 0,80 – 1,35 ppm attribuables aux sept méthyles angulaires du squelette des triterpènes pentacycliques suggérant que le huitième a été oxydé (Ageta et Arai, 1983). On observe sur ce spectre un triplet d'un proton apparaissant sous forme de singulet large à δ_H 5,43 ppm attribuable au proton porté par le carbone C-12 et caractéristique d'un squelette de type Δ^{12}- oléanène (Jyoti et *al.*, 1972).

Le spectre de RMN ^{13}C de DL$_5$ montre deux signaux intenses à δ_C 122,6 et 144,6 ppm attribuables aux carbones C-12 et C-13 d'un squelette de type Δ^{12}-oléanène. Le pic à δ_C 179, 9 ppm indique la présence d'un carbonyle des acides dans le squelette.

Toutes ces données physiques et spectroscopiques nous permettent d'attribuer à DL$_5$ la structure **14**, qui est celle de l'**acide 3β-hydroxyoléan-12-èn-28-oïque** (acide oléanolique) (Mahato et Kundu, 1994).

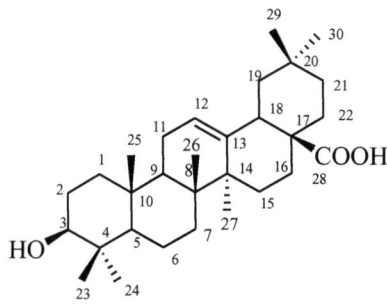

14

II.2.1.6. Identification de DL$_6$

DL$_6$ est un composé obtenu sous forme de poudre blanche dans le mélange Hex/AE (40/60) Il est soluble dans le chloroforme et répond positivement au test de Liebermann - Burchard caractéristique des triterpènes en donnant une coloration rouge violacée.

Sur le spectre de RMN ^{1}H de DL$_6$ (figure 13), on observe sept singulets intenses de trois protons chacun entre δ$_H$ 0,75 – 1,40 ppm attribuables aux sept méthyles angulaires des triterpènes pentacycliques suggérant l'oxydation du huitième (Ageta et Arai, 1983). On observe également un triplet d'un proton apparaissant sous forme d'amas à δ$_H$ 5,30 ppm attribuable au proton oléfinique. Il apparait sur ce spectre sous forme de doublet dédoublé un proton allylique H-18 à δ$_H$ 2,85 ppm. Son déplacement chimique vers les champs faibles suggère la présence d'une fonction acide à la place du méthyle - 28 d'après les données de la littérature (Furuya et *al.*, 1987).

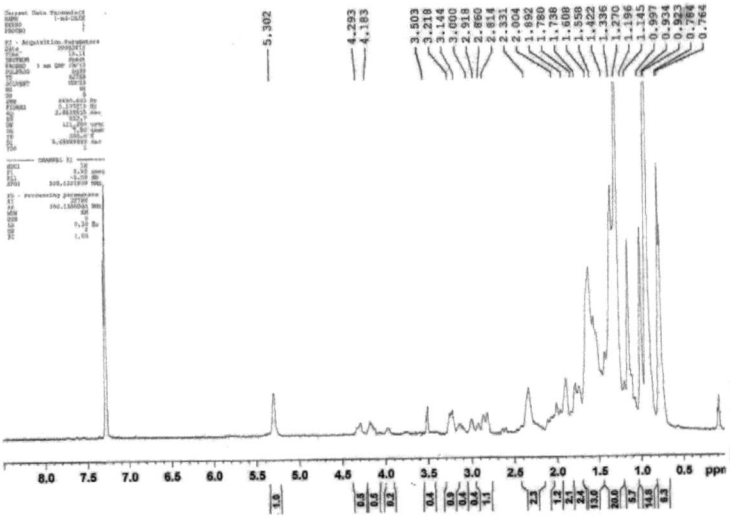

Figure 13: Spectre de RMN ^{1}H de DL$_6$

Le spectre de RMN ^{13}C de DL$_6$ (figure 14) montre deux signaux de carbone à δ_C 122,6 et 143,6 ppm attribuables aux carbones C-12 et C-13 caractéristiques d'un squelette de type Δ^{12}- oléanène (Agrawal et *al.*, 1991). Il apparait sur ce spectre un pic à δ_C 182,4 ppm suggérant la présence d'un carboxyle dans DL$_6$. On observe également deux pics à δ_C 79,0 et 77,2 ppm attribuables aux carbones hydroxylés et suggérant la présence de deux hydroxyles dans la molécule.

Figure 14: Spectre de RMN ^{13}C de DL$_6$

Toutes ces données physiques et spectroscopiques en accord avec celles de la littérature, nous ont permis d'attribuer à DL$_6$ la structure **141** qui est celle de l'**acide 3β, 22β-dihydroxyoléan-12-èn-28-oïque** (Mahato et Kundu, 1994).

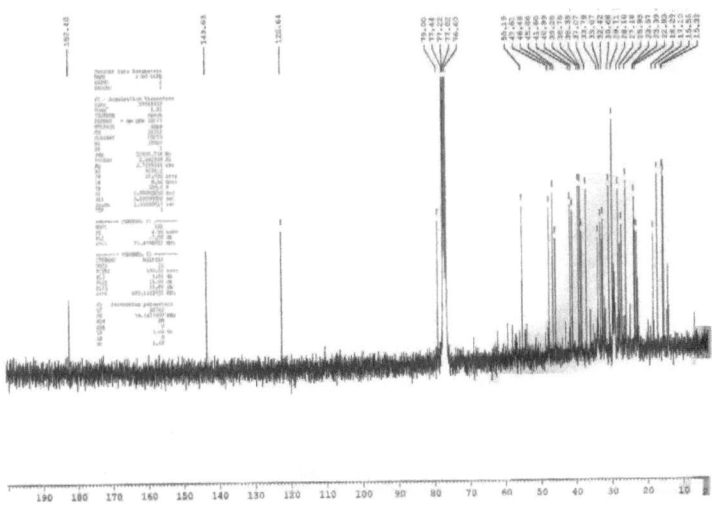

Tableau VIII: Données spectrales de RMN ^{13}C des composés DL$_5$ (75 MHz, D$_5$) et DL$_6$ (75 MHz, CDCl$_3$) comparées à celles des composés (**14**) (CDCl$_3$) et (**141**) (D$_5$)

N° C	DL$_5$ ^{13}C (ppm)	14 ^{13}C (ppm)	DL$_6$ ^{13}C (ppm)	141 ^{13}C (ppm)
1	38,7	38,5	38,4	38,4
2	27,8	27,4	27,2	27,0
3	77,8	78,7	79,0	78,1
4	39,1	38,7	38,7	38,4
5	55,6	55,2	55,2	55,8
6	18,5	18,3	18,3	18,8
7	32,9	32,6	32,4	32,3
8	39,5	39,3	39,2	40,1
9	47,9	47,6	47,6	48,1
10	37,1	37,0	37,1	37,3
11	23,5	23,1	22,9	23,0
12	122,6	122,1	122,6	122,1
13	144,6	143,4	143,6	144,1
14	41,9	41,6	41,6	41,3
15	28,5	27,7	29,7	28,3
16	23,5	23,4	23,4	24,0
17	46,4	46,6	46,5	46,9
18	41,8	41,3	41,0	40,6
19	46,2	45,8	45,8	46,2
20	29,7	30,6	36,7	36,4
21	33,9	33,8	33,9	34,3
22	30,7	32,3	77,2	76,0
23	28,1	28,1	28,1	28,2
24	16,3	15,6	15,5	15,9
25	15,3	15,3	15,3	16,3
26	17,2	16,8	17,1	17,2
27	25,9	26,0	25,9	25,7
28	179,9	181,0	182,4	180,4
29	33,0	33,1	33,1	32,0
30	23,6	23,6	23,6	22,0

II.2.1.7. Identification de DL₉

DL$_9$ est un composé obtenu sous forme de cristaux blancs dans le système AE/MeOH (95/5), il est soluble dans la pyridine et fond entre 244 - 245°C. Il répond positivement au test de Liebermann - Burchard caractéristique des triterpénoïdes et au test de Molish caractéristique des sucres.

Le spectre de masse de DL$_9$ en ESI montre le pic de l'ion pseudo moléculaire [M + Na]$^+$ à *m/z* 641,17 qui permet de déduire celui de l'ion moléculaire M$^+$ à *m/z* 618. Ces données sont compatibles avec la formule brute $C_{36}H_{58}O_8$ renfermant huit insaturations.

Le spectre de RMN ^{1}H de DL$_9$ (figure 15) montre sept singulets intenses de trois protons chacun entre δ_H 0,70 - 1,44 ppm attribuables aux sept méthyles angulaires du squelette des triterpènes suggérant l'oxydation du huitième méthyle (Ageta et Arai, 1983). On observe également sur ce spectre un triplet d'un proton à δ_H 5,16 ppm attribuable au proton H-12 caractéristique d'un squelette de type Δ^{12}- oléanène. Il apparait également sur ce spectre un doublet d'un proton à δ_H 5,24 ppm (J = 8,20 Hz) attribuable au proton anomérique confirmant la présence d'un sucre dans la molécule.

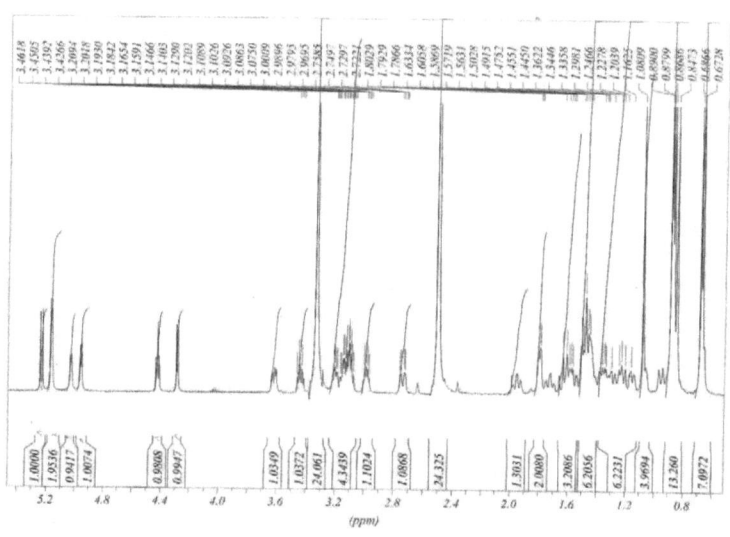

Figure 15: Spectre de RMN ^{1}H de DL$_9$

Le spectre de RMN ^{13}C découplé large bande de DL$_9$ (figure 16) montre deux signaux de carbone à δ_C 122,1 et 143,9 ppm attribuables respectivement aux carbones C-12 et C-13 caractéristiques d'un squelette de type Δ^{12}- oléanène (Agrawal et al., 1991). On observe également sur ce spectre un signal à δ_C 94,5 ppm attribuable au carbone anomérique confirmant ainsi la présence d'un sucre dans la molécule.

DLTd, 13C, 125MHz, DMSO

Figure 16: Spectre de RMN ^{13}C de DL$_9$

L'ensemble de ces données physiques et spectroscopiques nous ont permis d'attribuer à DL$_9$ la structure **142**, qui est celle de la **3β-hydroxyoléan-12-èn-28-O-β-D- glucopyranoside** déjà isolé de *Drypetes armoracia* (Wandji et al., 2003).

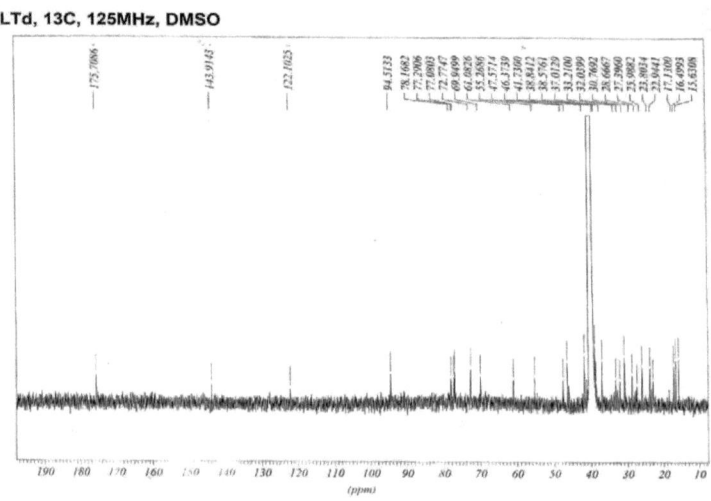

II.2.1.8. Identification de DL$_{10}$

DL$_{10}$ est un composé obtenu sous forme de cristaux blancs dans le système AE/MeOH (90/10) et fond entre 233 - 236°C. Il est soluble dans la pyridine et répond positivement au test de Molish caractéristique des glycosides et au test de Liebermann - Burchard caractéristique des triterpènes en donnant une coloration rouge violacée.

Le spectre de masse de DL$_{10}$ enregistré en ESI mode positif (figure 17) montre le pic de l'ion pseudo moléculaire [M+Na]$^+$ à m/z 831,1 permettant de déduire celui de l'ion moléculaire M$^+$ à m/z 808. Ces données sont compatibles avec la formule brute C$_{43}$H$_{68}$O$_{14}$ renfermant dix insaturations.

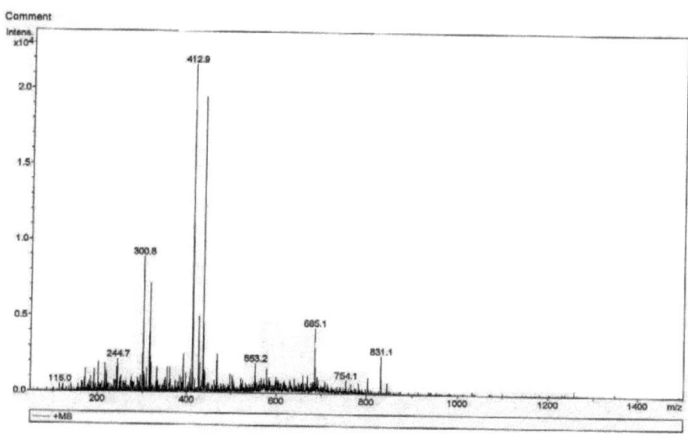

Figure 17: Spectre de masse de DL$_{10}$

Le spectre de RMN ^{1}H de DL$_{10}$ (figure 18) montre sept singulets intenses de trois protons chacun entre δ_H 0,7 - 1,3 ppm attribuables aux sept méthyles angulaires du squelette des triterpènes pentacycliques suggérant que le huitième a été oxydé (Ageta et Arai, 1983). On observe sur ce spectre un triplet d'un proton à δ_H 5,39 ppm attribuable au proton H-12 et caractéristique d'un squelette de type Δ^{12}- oléanène et ursène. On observe également sur ce spectre deux doublets d'un proton chacun à δ_H 6,33 (J = 7,8 Hz) et 4,96 ppm (J = 9,00 Hz) attribuables à deux protons anomériques.

La présence de ces deux pics nous permet de dire qu'il existe deux unités de sucres dans le squelette de DL_{10}.

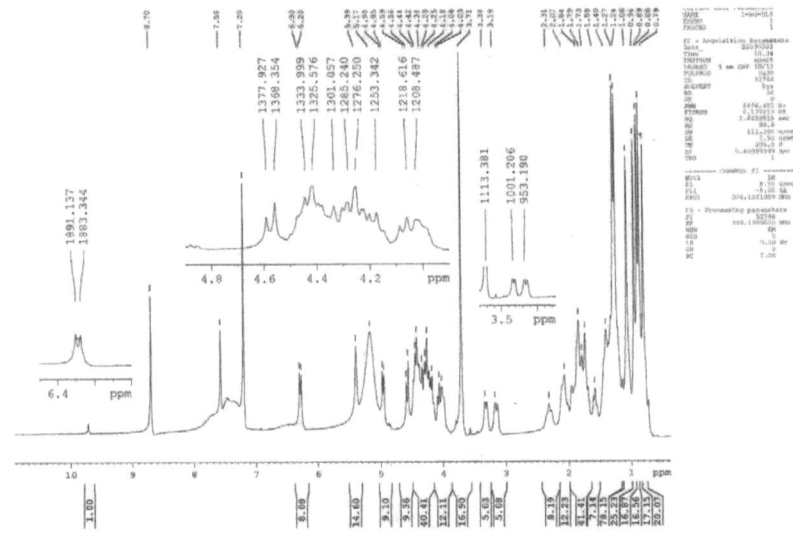

Figure 18: Spectre de RMN ^1H de DL_{10}

Le spectre de RMN ^{13}C de DL_{10} (figure 19) montre deux signaux à δ_C 122,6 et 143,9 ppm attribuables respectivement aux carbones C-12 et C-13 d'un squelette de type Δ^{12}- oléanène (Agrawal et al., 1991). Il apparait sur ce spectre deux pics caractéristiques des fonctions carbonyles à δ_C 176,2 et 170,6 ppm. Ce spectre montre également deux carbones anomériques donc l'un à δ_C 95,5 ppm est lié à l'aglycone par une fonction ester et l'autre à δ_C 107,0 ppm est lié à l'aglycone par une fonction éther d'après les données de la RMN.

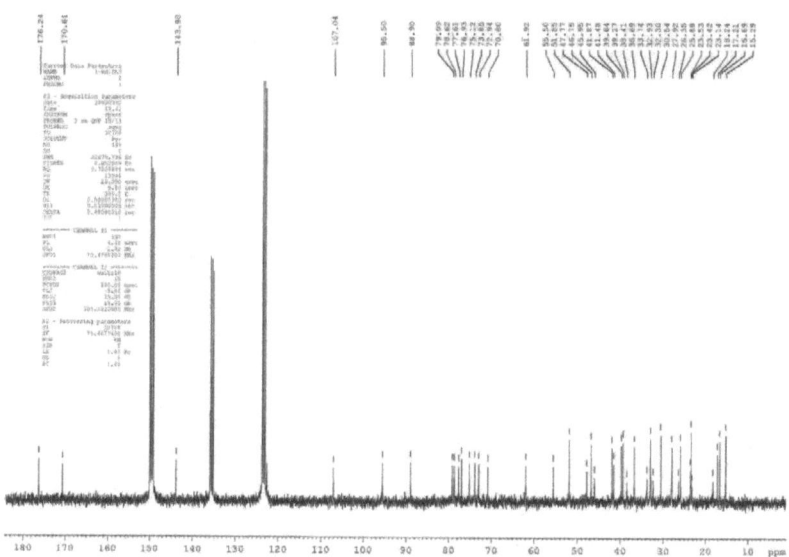

Figure 19: Spectre de RMN ^{13}C de DL_{10}

Le spectre HMBC de DL_{10} (figure 20) montre les corrélations entre les protons H-3 (δ_H 3,28 ppm), H-2' (δ_H 4,01 ppm) et le carbone anomérique à δ_C 107,9 ppm permettant de fixer la fonction éther liée au premier sucre en position 3. On observe également sur ce spectre des corrélations entre le proton H-18 (δ_H 3,10 ppm) et les carbones C-12, C-13 puis entre ce proton et le carbonyle à δ_C 176,2 ppm permettant de confirmer la sous structure de l'oléanane avec l'oxydation du méthyle en position 28. Les données de la littérature nous ont permis de fixer le deuxième sucre en position 28. Ce spectre montre également d'autres corrélations qui confirment la structure de notre composé.

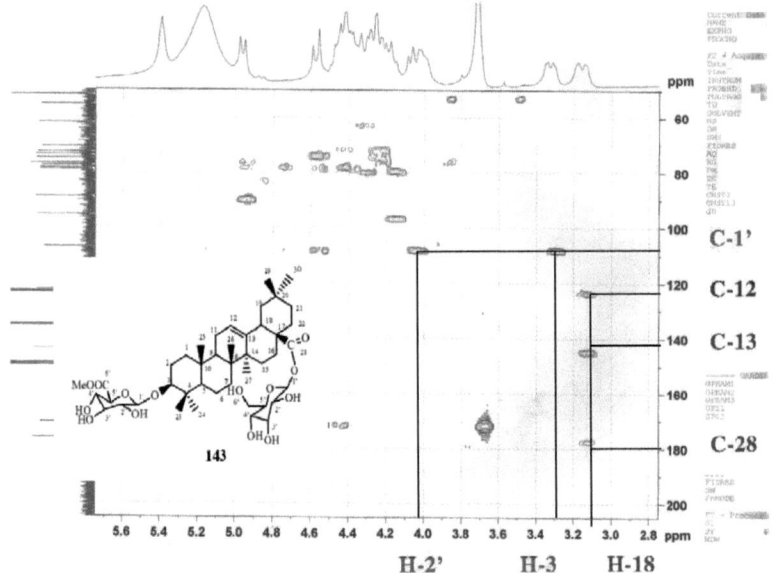

Figure 20: Spectre HMBC de DL_{10}

Ces données physiques et spectroscopiques en accord avec celles décrites dans la littérature, nous ont permis d'attribuer à DL_{10} la structure **143** qui est celle du **Chikusetsusaponin IVa méthyl ester** (Nie et al., 1984).

143

Tableau IX: Données spectrales de RMN ^{13}C des composés DL$_9$ (75 MHz, DMSO) et DL$_{10}$ (75 MHz, D$_5$) comparées à celles des composés (**142**) et (**143**) (D$_5$)

N° C	DL$_9$ ^{13}C (ppm)	142 ^{13}C (ppm)	DL$_{10}$ ^{13}C (ppm)	143 ^{13}C (ppm)
1	38,6	38,5	38,4	38,6
2	27,6	27,4	26,3	26,5
3	77,3	78,7	88,9	89,1
4	39,5	38,7	38,4	38,9
5	55,3	55,2	55,5	55,6
6	18,4	18,3	18,2	18,4
7	33,2	32,6	32,9	33,1
8	39,8	39,3	39,3	39,8
9	47,6	47,6	47,8	48,0
10	37,0	37,0	36,7	36,9
11	23,8	23,1	23,1	23,4
12	122,1	122,1	122,6	122,8
13	143,9	143,4	143,9	144,1
14	41,7	41,6	41,9	42,1
15	28,7	27,7	27,9	28,2
16	23,8	23,4	23,4	23,7
17	46,4	46,6	46,7	46,9
18	41,2	41,3	41,7	41,7
19	46,0	45,8	45,9	46,1
20	30,8	30,6	30,5	30,8
21	33,7	33,8	33,7	34,0
22	33,2	32,3	32,3	32,5
23	28,7	28,1	27,9	28,1
24	15,6	15,6	16,7	16,8
25	15,6	15,3	15,3	15,5
26	16,5	16,8	17,2	17,4
27	27,4	26,0	25,9	26,1
28	175,7	176,0	176,2	176,4
29	32,0	33,1	32,9	33,0
30	22,9	23,6	23,5	23,6
1'	94,5	95,6	107,0	106,8
2'	72,8	71,7	75,1	74,9
3'	77,1	77,0	79,1	79,8
4'	69,9	70,0	73,8	72,6
5'	78,1	78,2	77,6	77,1
6'	61,1	60,8	170,6	171,5
1''			95,5	95,7
2''			76,9	74,1
3''			78,2	79,3
4''			70,8	71,0
5''			78,6	78,9
6''			61,9	62,1

II.2.1.9. Identification de DL₄

Le composé DL$_4$ cristallise dans le mélange Hex/CHCl$_3$ (1/1) sous forme de cristaux blancs et fond entre 134 - 136°C. Il réagit positivement au test de Liebermann - Burchard caractéristique des stérols en donnant une coloration verdâtre.

Nous observons sur le spectre de RMN ^{1}H de DL$_4$ des multiplets d'un proton chacun à δ_H 5,33; 5,15 et 5,00 ppm attribuables à 3 protons oléfiniques et un pic à δ_H 3,21 ppm caractéristique d'un proton fixé au pied d'un hydroxyle.

L'ensemble de ces données physiques et spectroscopiques par comparaison avec celles décrites dans la littérature, nous ont permis d'identifier la structure de DL$_4$ à celle du **stigmastérol (43)** (Wandji et *al.*, 2003).

43

II.2.2. ELUCIDATION OU IDENTIFICATION DES STRUCTURES DES COMPOSES ISOLES DE *RAUVOLFIA VOMITORIA*.

A. COMPOSES ISOLES DES FEUILLES

II.2.2.1. Détermination de la structure de RV₃

RV$_3$ est un composé obtenu sous forme de cristaux oranges dans le mélange Hex/AE (95/5), il fond à 78°C et est soluble dans le chloroforme. Il répond positivement au test de Liebermann - Burchard caractéristique des triterpénoïdes en donnant une coloration rouge violacée. Son pouvoir rotatoire $[\alpha]_D^{20} = +14$ (C = 0,34 mol/L; CHCl$_3$), indique la présence d'un ou plusieurs centres chiraux dans la molécule.

Le spectre de masse de RV_3 enregistré en ESI mode positif (figure 21), montre le pic de l'ion pseudo moléculaire $[M - H_2O + Na]^+$ à m/z 685. Cette valeur a permis de déduire celui de l'ion moléculaire M^+ à m/z 680 et d'attribuer au composé RV_3 la formule brute $C_{46}H_{80}O_3$ renfermant sept insaturations. D'autre part, cette formule moléculaire $C_{46}H_{80}O_3$ a été confirmée par son spectre de masse à haute résolution (HR TOF ES^+) M^+ m/z 680.6135 (cald. pour $C_{46}H_{80}O_3$ 680.6146).

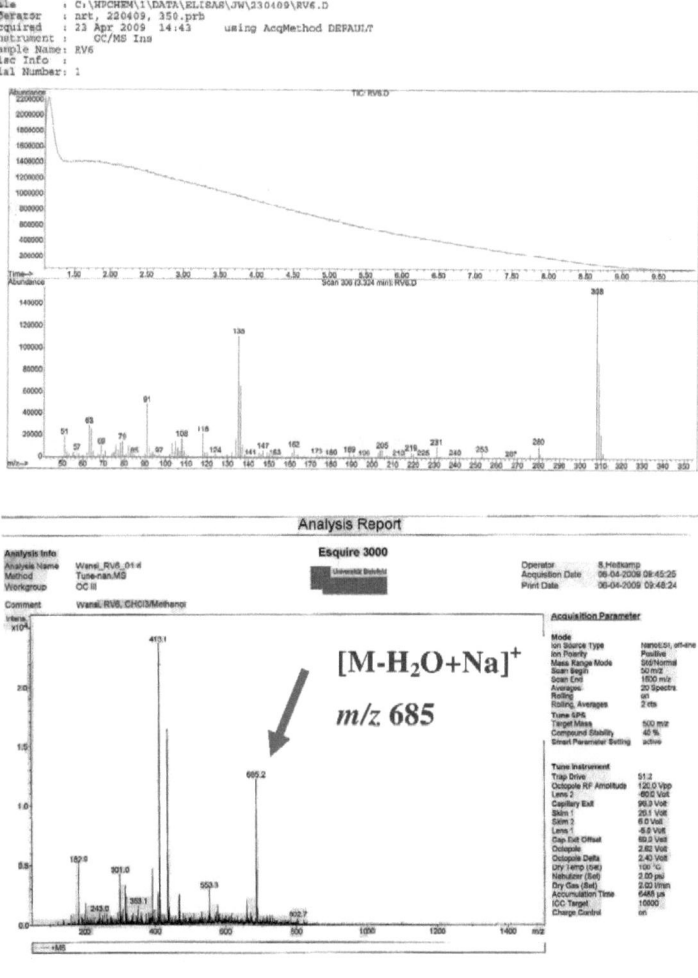

Figure 21: Spectres de masse de RV_3

Sur le spectre IR de RV_3 (figure 22), on observe une large bande de vibration à 3456 cm^{-1} attribuable à la fonction hydroxyle OH, une bande de vibration à 1730 cm^{-1} attribuable au carbonyle des esters et une autre à 1640 cm^{-1} attribuable à la double liaison C=C.

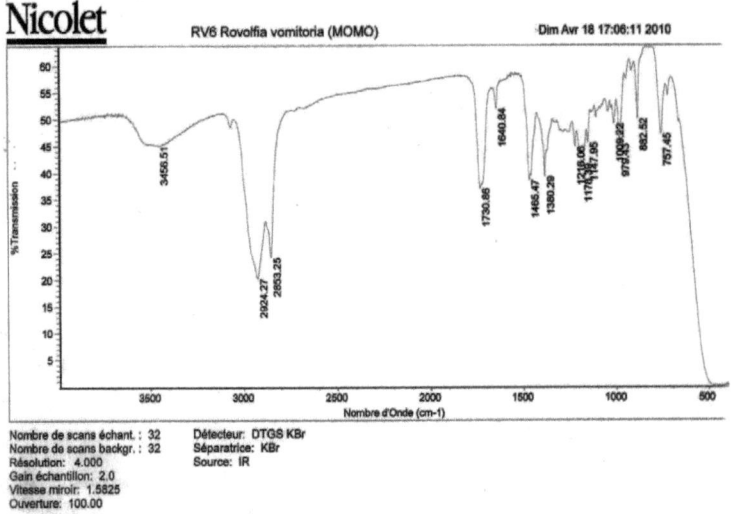

Figure 22: Spectre IR de RV_3

Le spectre de RMN ^{1}H de RV_3 (figure 23), montre sept singulets intenses de trois protons chacun à δ_H 0,79; 0,87; 0,88; 0,95; 0,97; 1,03 et 1,68 ppm et deux doublets à δ_H 4,57 et 4,69 ppm suggérant un triterpène pentacyclique de type lup-20(29)-ène. Ceci est confirmé par le spectre de RMN ^{13}C de RV_3 (figure 21) qui montre deux signaux à δ_C 150,8 et 109,4 ppm attribuables aux carbones C-20 et C-29, respectivement en accord avec les données de la littérature (Mahato et Kundu, 1994). On observe également sur le spectre de RMN ^{1}H deux pics à δ_H 4,56 ppm (dd, J = 5,42; 7,23 Hz) et 4,00 ppm (d, J = 8,33 Hz) situés sur deux carbones liés à l'oxygène. Le déplacement chimique vers les champs faibles du proton à δ_H 4,56 ppm est dû à la présence de la fonction ester qui provoque le déblindage du carbone portant cet hydrogène.

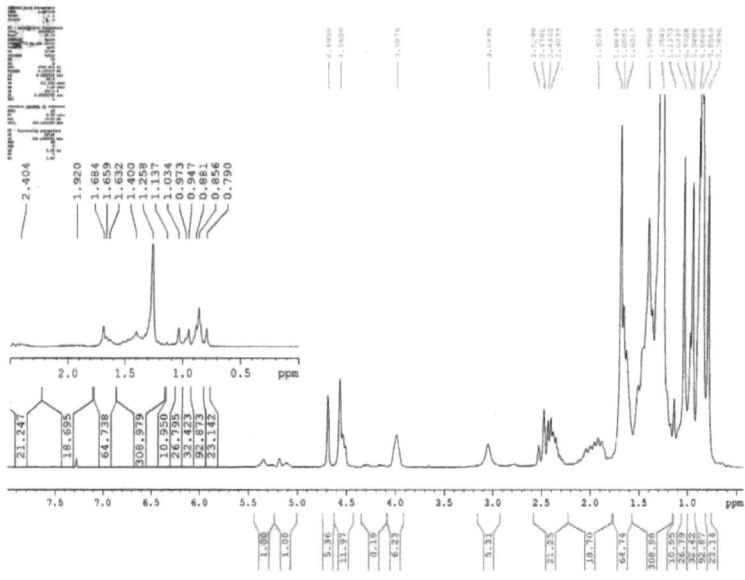

Figure 23: Spectre de RMN ^{1}H de RV$_3$

Le spectre de RMN ^{13}C de RV$_3$ (figure 24) montre 46 signaux de carbone dont les plus caractéristiques à δ_C 150,8 (C-20) et 109,4 ppm (C-29) confirment le squelette de type Δ^{20}- lupène. Le signal à δ_C 172,8 ppm est caractéristique du carbonyle de la fonction ester liée au carbone résonnant à δ_C 81,3 ppm; le deuxième carbone oxygéné résonne à δ_C 68,2 ppm et confirme la présence du proton à δ_H 4,00 ppm.

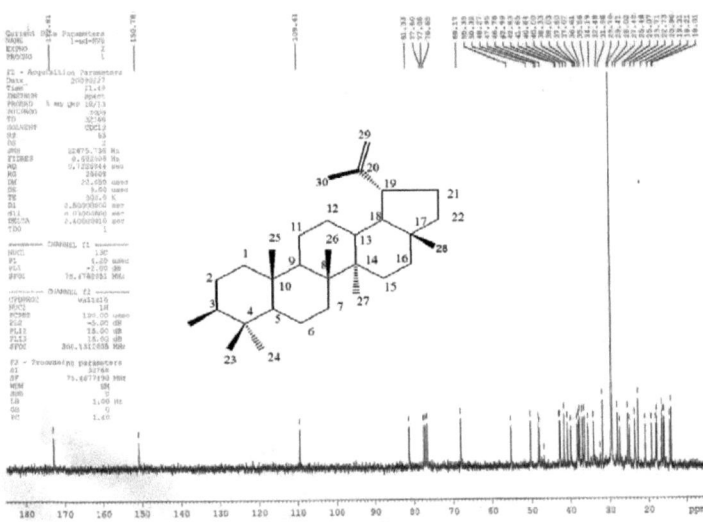

Figure 24: Spectre de RMN ^{13}C de RV$_3$

L'analyse du spectre DEPT de RV$_3$ (figure 25) a permis de répartir les carbones en huit méthyles, vingt-quatre méthylènes, sept méthines et sept carbones quaternaires.

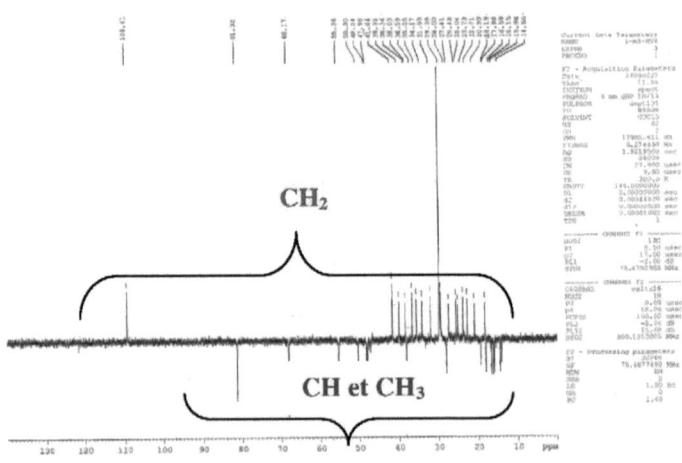

Figure 25: Spectre DEPT de RV$_3$

Sur les spectres HMBC de RV$_3$ (figures 26 et 26a), on observe une corrélation entre le proton à δ$_H$ 4,56 ppm porté par le carbone lié à la fonction ester et le carbone à δ$_C$ 172,8 ppm. La biosynthèse des triterpènes pentacycliques nous a permis de fixer la fonction ester sur le carbone C-3. Ce spectre montre également les corrélations entre les protons à δ$_H$ 2,40 et 1,40 ppm et le carbone C-20 d'une part et entre le proton à δ$_H$ 2,40 ppm et le carbone C-29 d'autre part permettant de fixer le proton à δ$_H$ 2,40 ppm en position C-19 et celui à δ$_H$ 1,40 ppm en position C-18. De plus, il apparait sur ce spectre les corrélations entre le proton H-18 (δ$_H$ 1.40 ppm) et le carbone à δ$_C$ 68,2 ppm d'une part et les protons à δ$_H$ 2,43 et 2,50 ppm et ce carbone d'autre part. Ces couplages nous ont permis de fixer l'hydroxyle en position C-21 et les protons à δ$_H$ 2,43 et 2,50 ppm en position C-22.

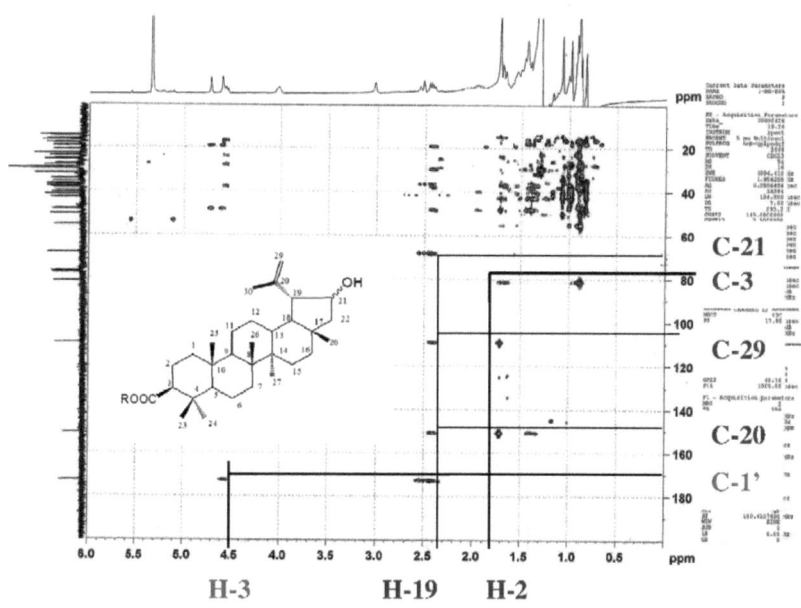

Figure 26: Spectre HMBC de RV$_3$

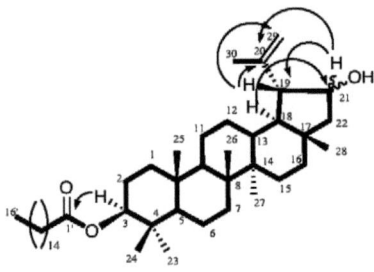

Figure 26a: Quelques correlations importantes en HMBC (H→C) de RV$_3$

Le spectre COSY ^{1}H ^{1}H de RV$_3$ (figure 27) montre des correlations entre le proton H-21 (δ_H 4.00 ppm) et H-19 (δ_H 2.40 ppm), H-22 (δ_H 2.43 et 2.50 ppm). Néanmoins, à partir des constantes de couplage observées, il n'est pas évident de déterminer avec précision la stéréochimie du groupement hydroxyle OH-21 à cause du chevauchement des déplacements chimiques des protons entre δ_H 2.40 - 2.44 ppm. La constante de couplage du proton H-3 (J=5.4; 7.2 Hz) est en accord avec la β-orientation du groupement ester en position C-3.

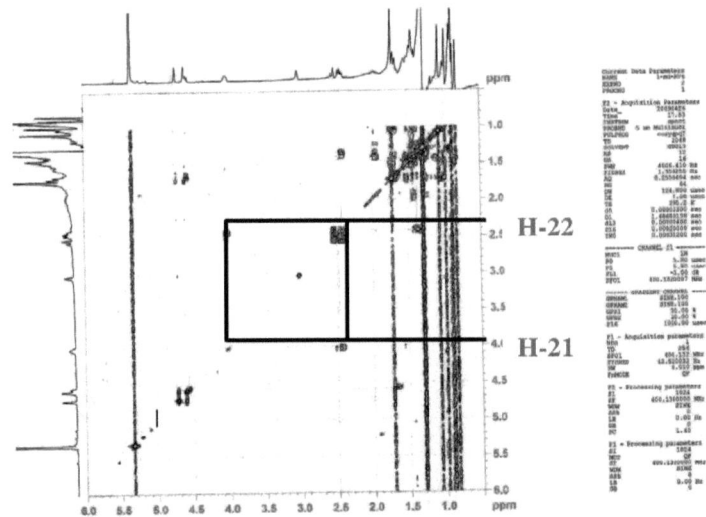

Figure 27: Spectre COSY ^{1}H ^{1}H de RV$_3$

D'après le spectre de masse, les ions fragments obtenus nous ont permis de confirmer la longueur de la chaîne carbonée ainsi que sa structure. Le pic à *m/z* 255 de formule brute $C_{16}H_{31}O_2$ est attribuable à la longue chaîne carbonée liée à la fonction ester et celui à *m/z* 440 de formule brute $C_{30}H_{48}O_2$ est attribuable au lupane portant deux oxygènes confirmant ainsi la masse molaire du composé.

L'ensemble de ces données physiques et spectroscopiques ont conduit à la proposition de la structure **144** qui est celle du **3β-hexadécanoyloxy-lup-20,29-èn-21-ol** décrite ici pour la première fois (Fannang *et al.*, 2011a).

144

Tableau X: Données spectrales de RMN ^{13}C (75 MHz) et ^{1}H (300 MHz) du composé $RV_3^{(a)}$ dans le $CDCl_3$

Position	δ ^{13}C (ppm)	DEPT	δ ^{1}H (ppm) [m, J (Hz)]
1	39,9	CH_2	1,23 (m) 1,43^b (m)
2	23,7	CH_2	1,66 (m) 1,70^b (m)
3	81,3	CH	4,56 (dd, 5,4; 7,2, H_{eq})
4	37,8	C	/
5	55,4	CH	0,83 (m)
6	18,2	CH_2	1,43^b (m) 1,54^b (m)
7	35,5	CH_2	1,40^b (m) 1,50 (m)
8	40,8	C	/
9	50,3	CH	1,32^b (m)

10	37,1	C	/
11	20,9	CH_2	1,42 (m)
			1,44 (m)
12	25,0	CH_2	1,15 (m)
			$1,68^b$ (m)
13	38,0	CH	$1,70^b$ (m)
14	42,8	C	/
15	36,6	CH_2	$1,43^b$ (m)
			$1,54^b$ (m)
16	34,2	CH_2	$1,43^b$ (m)
17	43,0	C	/
18	48,2	CH	$1,40^b$ (m)
19	47,9	CH	$2,40^b$ (m)
20	150,8	C	/
21	68,2	CH	4,00 (d, 8,3, H_{eq})
22	41,6	CH_2	2,43 (m, H_{eq})
			2,50 (dd, 2,5; 7,5, H_{ax})
23	28,0	CH_3	$0,88^b$ (s)
24	16,6	CH_3	$0,88^b$ (s)
25	16,1	CH_3	$1,03^b$ (s)
26	16,0	CH_3	0,97 (s)
27	14,5	CH_3	0,95 (s)
28	17,9	CH_3	0,79 (s)
29	109,4	CH_2	4,57 (d, 7,4, H_{eq})
			4,69 (m, H_{ax})
30	19,3	CH_3	$1,68^b$ (m)
1'	172,8	C	/
2'	29,4	CH_2	1,92 (m)
3'	38,3	CH_2	$1,03^b$ (m)
4'	31,9	CH_2	$1,30^b$ (m)
5' – 11'	29,7	CH_2	$1,30^b$ (m)
12'	29,5	CH_2	$1,30^b$ (m)
13'	27,4	CH_2	$1,03^b$ (m)
14'	25,5	CH_2	$1,32^b$ (m)
			1,46 (m)
15'	22,7	CH_2	1,26 (m)
16'	14,2	CH_3	0,90 (m)

[a] Attributions basées sur les expériences DEPT, COSY, HSQC, HMBC

[b] signaux superposables

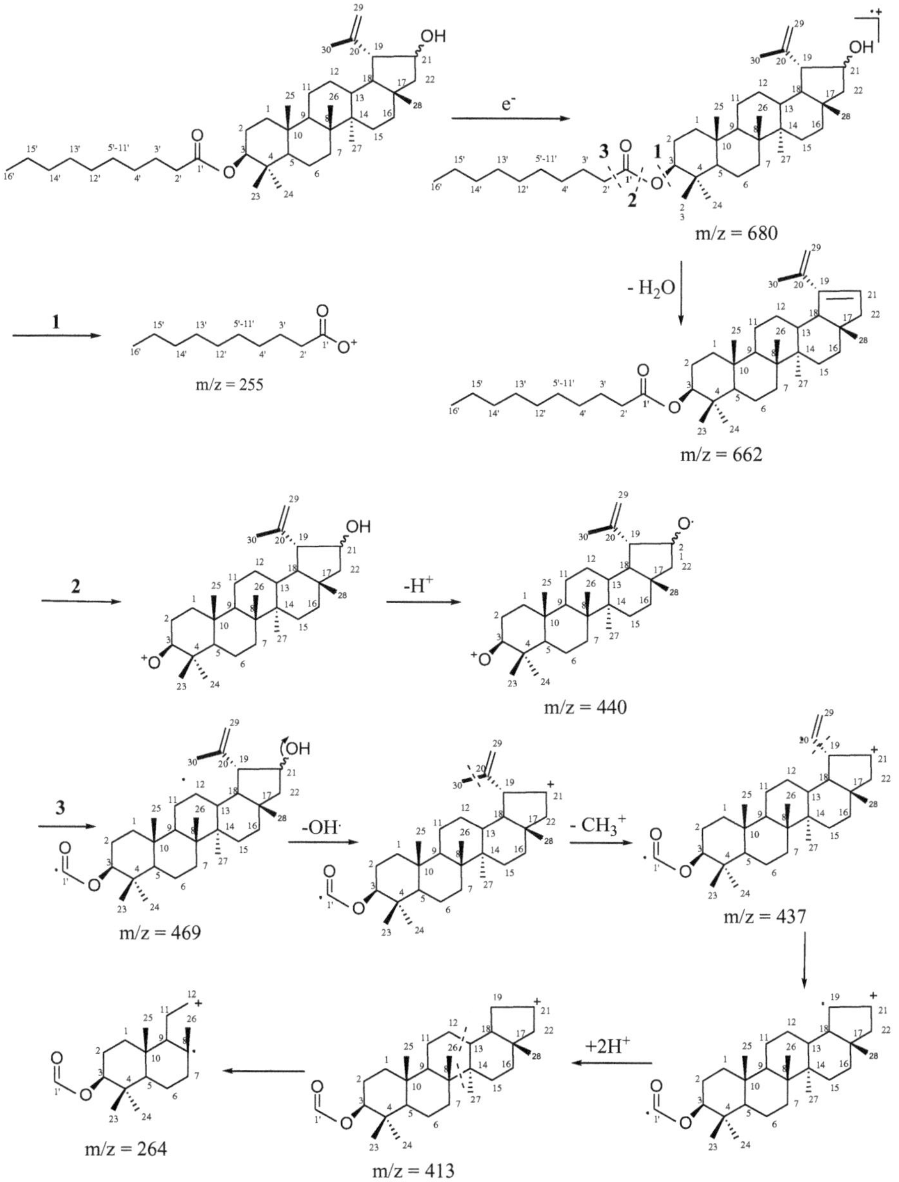

Schéma 13: Fragmentation du composé RV$_3$

II.2.2.2. Identification de RV₁

RV$_1$ est un composé obtenu sous forme de cristaux blancs dans le MeOH. Il est soluble dans le chloroforme et fond entre 79 – 80°C. Il répond positivement au test des acides gras par un dégagement de CO_2 en présence de bicarbonate de sodium.

Le spectre de RMN ^{1}H de RV$_1$ présente un triplet à δ_H 0,80 ppm (J = 6,0 Hz), attribuable à un méthyle terminal lié à un méthylène et un autre triplet à δ_H 2,37 ppm (J = 7,0 Hz) attribuable à un autre méthylène adjacent au groupement carbonyle. On observe également un pic très intense intégrant pour 28 protons à δ_H 1,3 ppm attribuable à $(CH_2)_{14}$ de la longue chaîne hydrocarbonée.

L'ensemble de ces données physiques et spectroscopiques comparées à celles de la littérature, nous ont permis d'attribuer à RV$_1$ la structure **145** qui est celle de l'**acide palmitique** (Françis, 1939).

145

II.2.2.3. Identification de RV₂

RV$_2$ est un composé obtenu sous forme de cristaux blancs dans le mélange Hex/AE (95/5), il fond entre 215 - 216°C. Il est soluble dans le chloroforme et répond positivement au test de Liebermann - Burchard caractéristique des triterpènes en donnant une coloration rouge violacée.

Le spectre de RMN ^{1}H de RV$_2$ (figure 28) montre sept singulets intenses de trois protons chacun à δ_H 0,79; 0,87; 0,88; 0,95; 0,97; 1,03 et 1,69 ppm et deux doublets à δ_H 4.58 et 4.69 ppm (J = 4,00 Hz), suggérant un triterpène pentacyclique de type lup-20(29)-ène. Ceci est confirmé par son spectre de RMN ^{13}C qui montre des signaux à δ_C 150,9 et 109,3 ppm attribuables aux carbones C-20 et C-29 respectivement, en accord avec la littérature (Mahato et Kundu, 1994). Sur son spectre de RMN ^{1}H, on observe également un doublet dédoublé d'un proton à δ_H 3,20 ppm (J = 6,00; 12,00 Hz) attribuable à un proton porté par un carbone oxygéné et fixé en position C-3 d'après la biosynthèse des triterpènes pentacycliques.

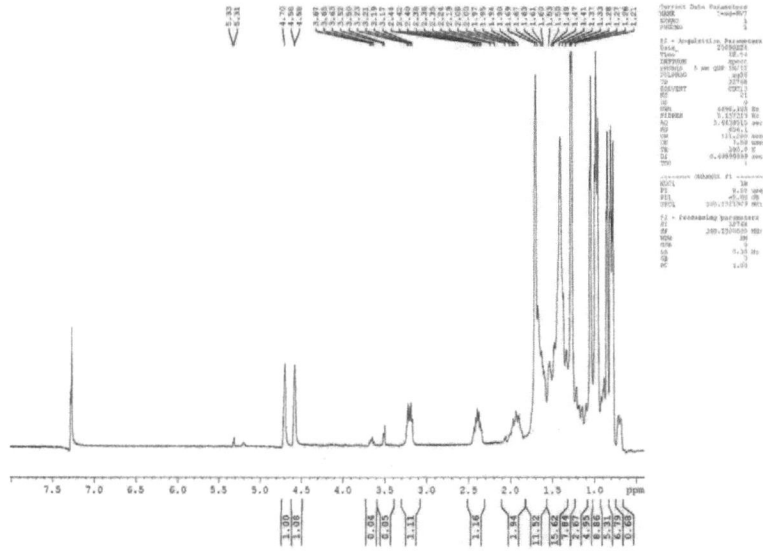

Figure 28: Spectre de RMN ^{1}H de RV$_2$

Ces données physiques et spectroscopiques comparées avec celles de la littérature, ont permis d'identifier la structure de RV$_2$ à celle du **lupéol** (**19**) (Mahato et Kundu, 1994).

19

II.2.2.4. Identification de RV₄

RV₄ est un composé obtenu sous forme de cristaux blancs dans l'AE. Il est soluble dans la pyridine et fond entre 316 - 318°C. Il répond positivement au test de Liebermann – Burchard caractéristique des triterpènes en donnant une coloration rouge violacée.

Le spectre de RMN ^{1}H de RV₄ (figure 29), montre sept singulets intenses de trois protons chacun à δ_H 0,79; 0,87; 0,88; 0,95; 0,97; 1,03 et 1,78 ppm et deux doublets à δ_H 4,76 et 4.92 ppm (J = 4,00 Hz), suggérant un triterpène pentacyclique de type lup-20(29)-ène. On y observe également un doublet dédoublé d'un proton à δ_H 3,45 ppm attribuable au proton fixé sur un carbone oxygéné.

Ce squelette de type lup-20(29)-ène est bien confirmé par son spectre de RMN ^{13}C (figure 30) qui montre deux signaux à δ_C 151,0 et 109,8 ppm attribuables aux carbones C-20 et C-29 respectivement, en accord avec la littérature (Mahato et Kundu, 1994). Son spectre de RMN ^{13}C montre, entre autres, un pic à δ_C 178,6 ppm attribuable au carbone d'une fonction acide et un autre à δ_C 77,9 ppm attribuable à un carbone oxygené que nous avons fixé en position C-3 en accord avec la biosynthèse des triterpènes.

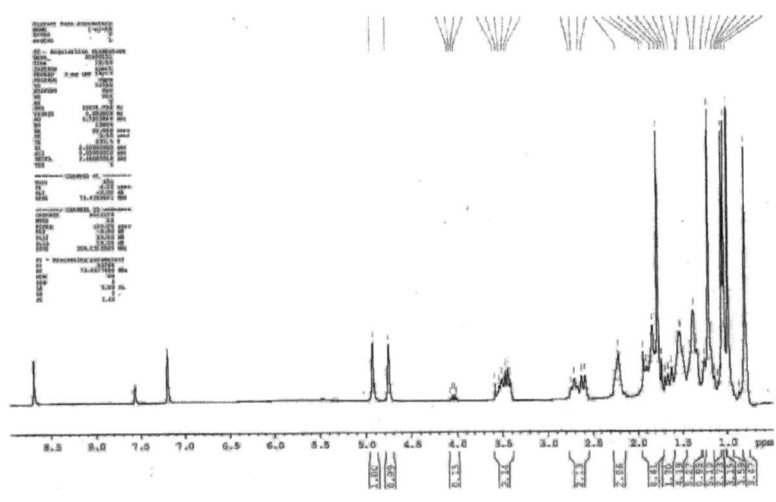

Figure 29: Spectre de RMN ^{1}H de RV₄

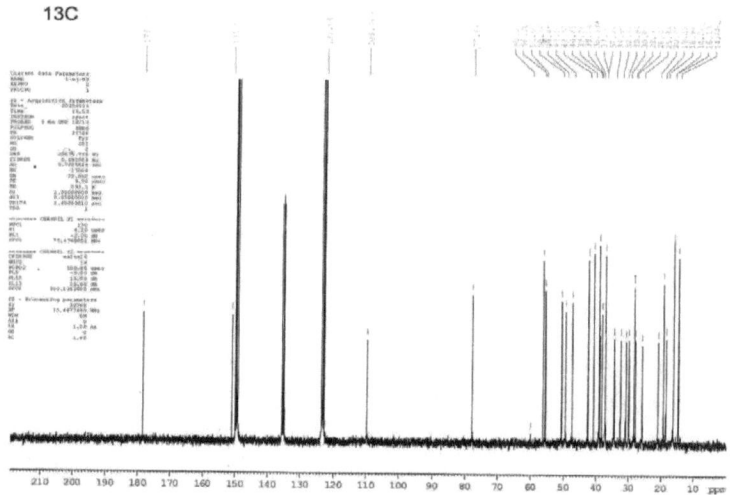

Figure 30: Spectre de RMN ^{13}C de RV$_4$

Toutes ces données physiques et spectroscopiques en accord avec celles de la littérature, nous ont permis d'attribuer à RV$_4$ la structure **146** qui est celle de l'**acide 3β-hydroxylup-20, 29-èn-28-oïque** (l'acide bétulinique) (Mahato et Kundu, 1994).

146

II.2.2.5. Identification de RV₅

RV₅ est un composé obtenu sous forme de cristaux jaunes dans l'AE. Il est soluble dans le DMSO et fond entre 285 - 286°C. Il répond positivement au test de Liebermann – Burchard caractéristique des triterpènes en donnant une coloration rouge violacée.

Sur le spectre de RMN ^{1}H de RV₅ (figure 31), on observe des signaux intenses entre δ_H 0,67 - 1,45 ppm correspondant aux méthyles d'un squelette triterpénique et un triplet d'un proton à δ_H 5,12 ppm attribuable à un proton oléfinique. On observe également sur ce spectre un triplet à δ_H 3,35 ppm attribuable à un proton fixé au pied d'un carbone oxygené qui, lui aussi apparait à δ_H 4,30 ppm, sur le spectre enregistré dans le DMSO.

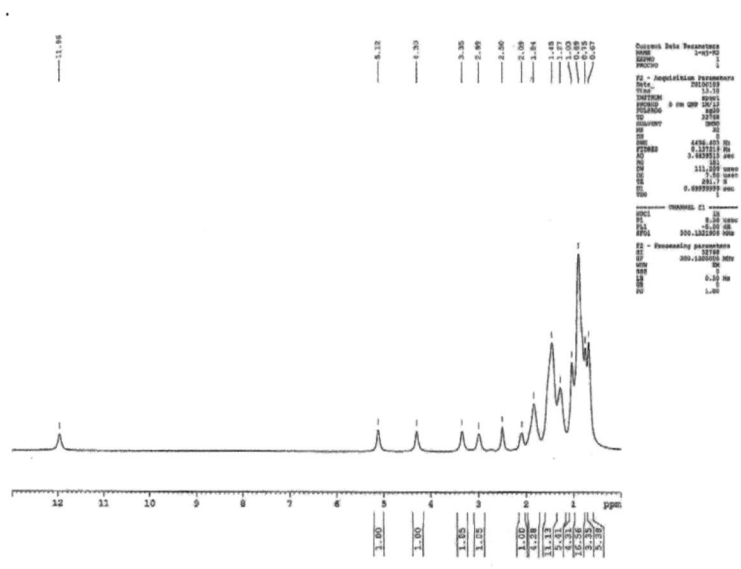

Figure 31: Spectre de RMN ^{1}H de RV₅

Le spectre de RMN ^{13}C de RV₅ (figure 32) montre 30 signaux de carbone parmi lesquels deux signaux à δ_C 125,0 et 138,6 ppm attribuables aux carbones C-12 et C-13 du squelette de type Δ^{12}- ursène. On observe également sur ce spectre un signal à δ_C

178,7 ppm attribuable au carbone de la fonction acide. Le spectre de RMN ^{1}H montre un large doublet à δ_H 3,00 ppm attribuable au proton H-18, confirmant ainsi la localisation du groupement carboxyle en position C-28.

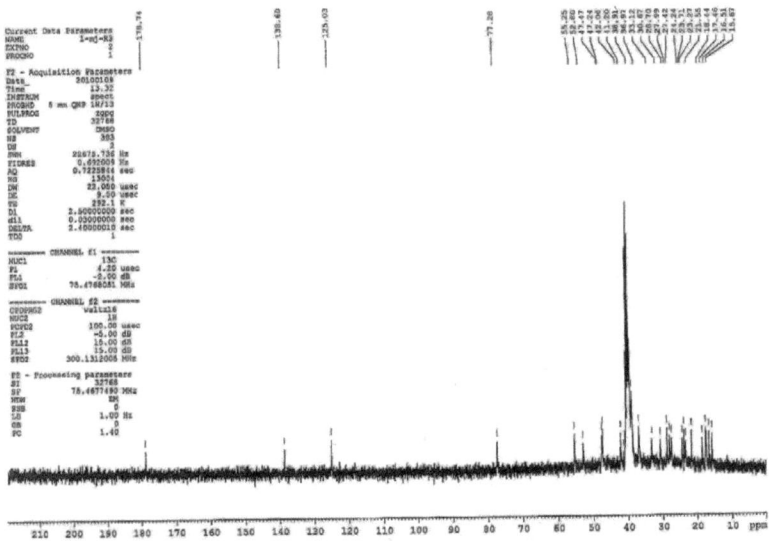

Figure 32: Spectre de RMN ^{13}C de RV$_5$

L'ensemble de ces données physiques et spectroscopiques, comparées à celles de la littérature, nous ont permis d'attribuer à RV$_5$ la structure **147** qui est celle de l'**acide 3β-hydroxyurs-12-èn-28-oïque** (l'acide ursolique) (Mahato et Kundu, 1994).

Tableau XI: Données spectrales de RMN ^{13}C des composés RV$_4$ (75 MHz, D$_5$) et RV$_5$ (75 MHz, DMSO) comparées à celles des composés **146** et **147** (CDCl$_3$)

Position	RV$_4$ ^{13}C (ppm)	146 ^{13}C (ppm)	RV$_5$ ^{13}C (ppm)	147 ^{13}C (ppm)
1	39,0	38,7	38,9	38,8
2	28,0	27,4	27,4	27,3
3	77,9	78,9	77,3	78,8
4	39,3	38,8	38,9	38,8
5	55,7	55,3	55,3	55,4
6	18,5	18,3	18,4	18,4
7	34,5	34,3	33,1	33,0
8	40,8	40,7	39,0	39,6
9	50,7	50,5	47,3	47,5
10	37,2	37,2	37,0	37,0
11	20,9	20,8	23,3	23,3
12	25,8	25,5	125,0	125,4
13	38,3	38,4	138,6	138,0
14	42,6	42,4	42,1	42,0
15	30,9	30,5	28,0	28,2
16	32,6	32,1	24,2	24,3
17	56,4	56,3	47,3	48,0
18	47,5	46,8	52,8	52,8
19	49,5	49,2	39,0	39,1
20	151,0	150,3	38,9	38,8
21	30,0	29,7	30,7	30,7
22	37,3	37,0	36,9	36,7
23	28,4	27,9	28,7	28,2
24	14,7	15,3	15,4	15,5
25	16,1	16,0	15,7	15,7
26	16,2	16,1	16,5	16,9
27	14,1	14,7	23,7	23,6
28	178,6	180,5	178,7	178,5
29	109,8	109,6	17,5	16,9
30	19,3	19,4	21,5	21,2

II.2.2.6. Identification de RV₆

RV$_6$ est un composé obtenu sous forme de cristaux jaunes dans l'AE. Il est soluble dans la pyridine et fond entre 265 - 270°C. Il répond positivement au test de Liebermann - Burchard caractéristique des stéroïdes et de Molish caractéristique des sucres.

Le spectre de RMN ^{1}H de RV$_6$ montre un doublet à δ_H 5,40 ppm attribuable au proton H-6 du stigmastérol, deux doublets de doublets à δ_H 5,05 et 5,10 ppm attribuables aux protons H-22 et H-23 de la chaine latérale. On observe également sur ce spectre un proton anomérique apparaissant sous forme de doublet à δ_H 4,10 ppm.

Le spectre de RMN ^{13}C de RV$_6$ montre 35 signaux dont deux à δ_C 141,8 et 122,8 ppm sont attribuables aux carbones sp^2 du stigmastérol. On observe également à δ_C 103,4 ppm un signal attribuable au carbone anomérique et d'autres entre δ_C 63,5 – 79,5 ppm attribuables aux carbones hydroxylés du glucose.

Toutes ces données physiques et spectroscopiques en accord avec celles de la littérature nous ont permis d'attribuer à RV$_6$ la structure **47** qui est celle du **3-*O*-*β*-glucosylstigmastérol**, déjà isolé de *Drypetes armoracia* (Wandji et *al.*, 2003).

47

B. COMPOSES ISOLES DES ECORCES DU TRONC

II.2.2.7. Identification de R_3

R_3 est un composé obtenu sous forme de cristaux jaunes dans l'acétate d'éthyle. Il est soluble dans la pyridine et répond positivement au test de Draggendorff caractéristique des alcaloïdes en donnant un précipité brun rougeâtre.

Le spectre de masse de R_3 montre le pic de l'ion moléculaire M^+ à m/z 324 compatible avec la formule brute $C_{20}H_{24}N_2O_2$ renfermant dix insaturations.

Sur le spectre de RMN ^1H de R_3 (figure 33), on observe dans la zone des aromatiques un système de trois protons résonnant à δ_H 6,94 ppm (doublet), 7,09 ppm (doublet de doublet) et 7,21 ppm (doublet) caractéristiques d'un noyau aromatique trisubstitué. On observe également à δ_H 11,5 ppm un singulet large attribuable au proton d'un hydroxyle. Il apparait à δ_H 3,30 ppm un singulet intense attribuable aux protons du méthyle lié à l'azote.

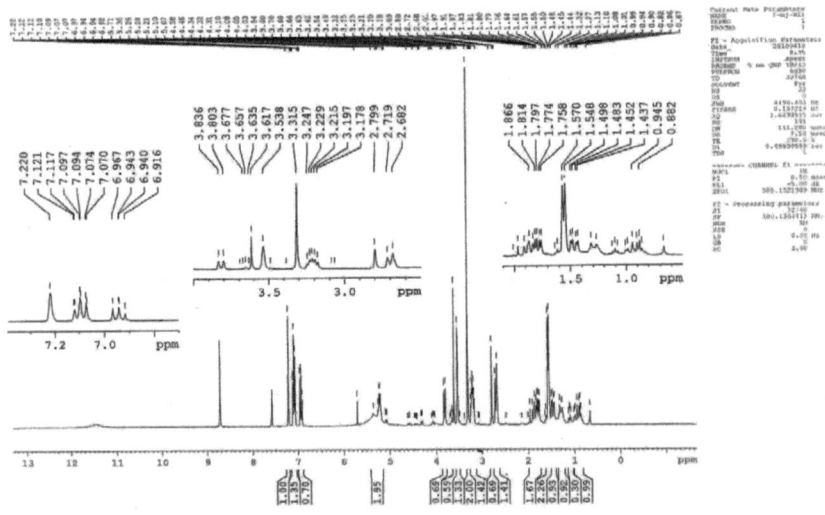

Figure 33: Spectre de RMN ^1H de R_3

Sur le spectre de RMN ^{13}C de R$_3$ (figure 34), on observe à δ_C 214,8 ppm un signal caractéristique du carbonyle d'une cétone et un autre à δ_C 81,3 ppm attribuable à un carbone lié à l'azote. La présence sur le spectre DEPT de trois CH dans la zone des aromatiques à δ_C 122,9; 118,3 et 115,9 ppm respectivement confirme l'existence d'un cycle aromatique trisubstitué dans la molécule de R$_3$. La structure a été également confirmée par les corrélations observées sur les spectres COSY et HMBC.

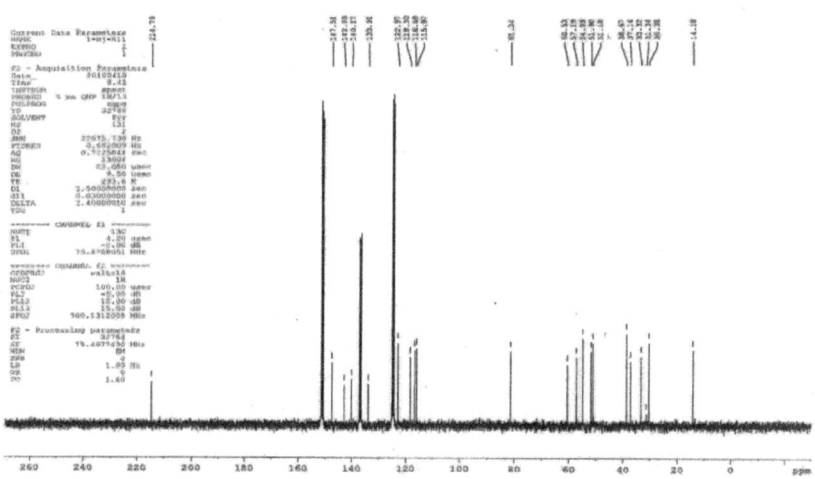

Figure 34: Spectre de RMN ^{13}C de R$_3$

L'ensemble de ces données physiques et spectroscopiques en accord avec celles décrites dans la littérature, ont permis d'attribuer à R$_3$ la structure **125** qui est celle du **19,20-didehydro-12-hydroxy-(19E)-ajmalan-17-one** ou **mitoridine** (Cheng et al., 2008).

Tableau XII: Données spectrales de RMN ^{13}C (75 MHz) et ^{1}H (300 MHz) du composé R_3 (D_5)

position	^{13}C δ (ppm)	DEPT	^{1}H δ (ppm) [m, J (Hz)]
2	81,3	CH	2,80 (s)
3	51,2	CH	3,80 (m)
5	54,9	CH$_2$	3,19 (m)
6	37,1	CH$_2$	1,76 (dd; 4,47)
			2,68 (dd; 4,47)
7	60,5	C	
8	133,9	C	
9	122,9	CH	6,94 (d;)
10	118,3	CH	7,09 (dd;)
11	115,9	CH	7,21 (d;)
12	147,5	C	
13	142,9	C	
14	33,3	CH$_2$	1,46 (dd; 4,47; 13,82)
			1,81 (dd; 4,47; 13,82)
15	30,4	CH	3,22 (m)
16	51,9	CH$_2$	2,71 (m)
17	214,8	C	
18	14,2	CH$_3$	1,55 (d; 6,71)
19	116,7	CH	5,20 (br s)
20	140,2	C	
21	57,2	CH$_2$	3,54 (br s)
N-CH3	38,7	CH$_3$	3,30 (s)
12-OH			11,50 (br s)

Nous avons également isolé des écorces du tronc de *Rauvolfia vomitoria* les composés déjà décrits que nous présentons dans le tableau ci-dessous.

Tableau XIII: Autres composés isolés des écorces du tronc de *Rauvolfia vomitoria*

code	nom
R_1	Acide bétulinique (**146**)
R_2	Acide ursolique (**147**)
R_4	Glucoside de stigmastérol (**47**)

C. COMPOSES ISOLES DES ECORCES DES RACINES

II.2.2.8. Identification de R_c

Le composé R_c est un composé obtenu sous forme de poudre blanche dans l'AE. Il est soluble dans la pyridine et répond positivement au test de Draggendorff caractéristique des alcaloïdes.

Sur le spectre de RMN ^1H de R_c (figure 35), on observe à δ_H 11,38 ppm un signal attribuable à un proton lié à l'azote. On observe également dans la zone des champs faibles, deux singulets à δ_H 7,31 et 7,12 ppm attribuables à deux protons benzéniques situés en *para* l'un de l'autre et un autre singulet à δ_H 7,67 ppm attribuable au proton H-17 qui est déblindé, car il est fixé sur un carbone sp^2 en conjugaison avec le carbonyle de l'ester. Il apparait également les signaux de deux méthoxyles à δ_H 3,80 et 4,00 ppm et celui du méthylcarboxylate à δ_H 3,50 ppm. Ceci est confirmé sur le spectre de RMN ^{13}C de R_c (figure 36) où on observe les signaux des carbones des méthoxyles à δ_C 57,8 et 58,1 ppm et celui du méthylcarboxylate à δ_C 52,1 ppm. Le spectre de RMN ^{13}C montre un signal à δ_C 168,7 ppm attribuable au carbonyle d'ester conjugué à une double liaison C = C.

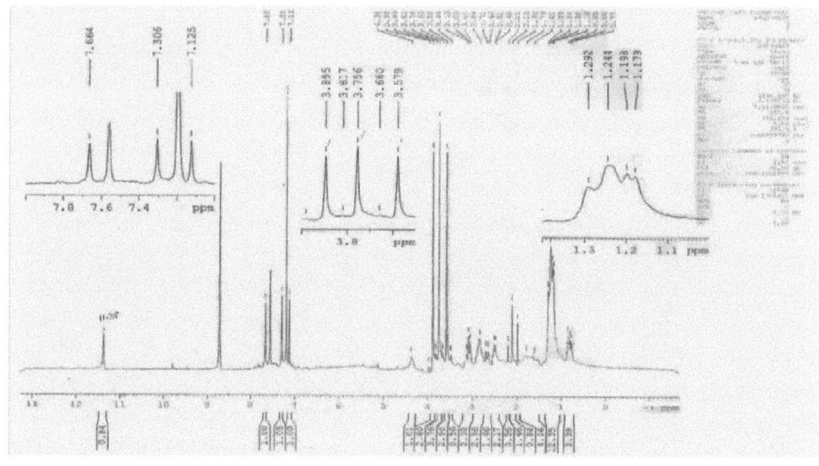

Figure 35: Spectre de RMN ^1H de R_c

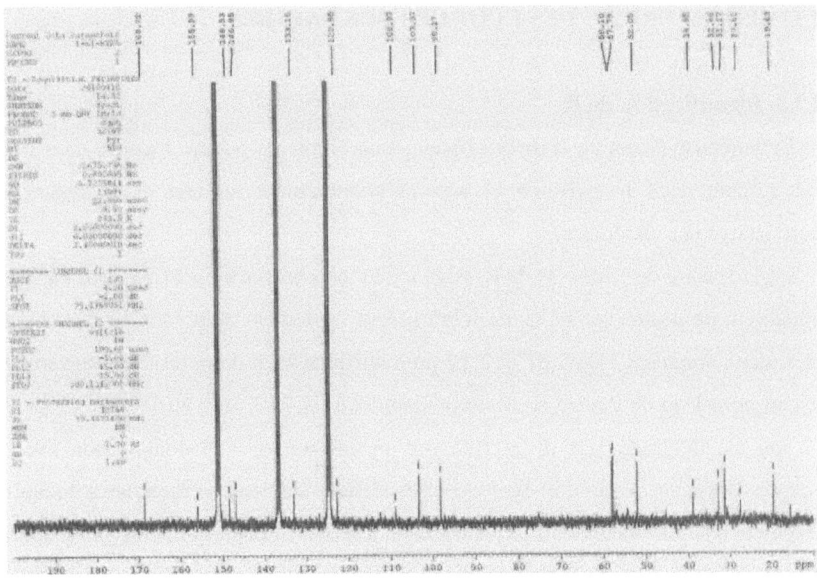

Figure 36: Spectre de RMN ^{13}C de R_c

L'ensemble de ces données physiques et spectroscopiques en accord avec celles décrites dans la littérature, nous ont permis d'attribuer à R_c la structure **113** qui est celle de l'**isoréserpiline** (Cheng et *al.*, 2008).

113

II.2.2.9. Identification de R_d

Le composé R_d est un composé obtenu sous forme de cristaux beiges dans l'AE. Il est soluble dans la pyridine et répond positivement au test de Draggendorff caractéristique des alcaloïdes.

Le spectre de masse de R_d montre le pic de l'ion moléculaire M^+ à *m/z* 354 compatible avec la formule brute $C_{21}H_{26}N_2O_3$ renfermant dix insaturations.

Sur le spectre de RMN ^1H de R_d (figure 37), on observe dans la zone des aromatiques un système de trois protons résonnant à δ_H 6,65 ppm (doublet), 6,95 ppm (doublet de doublet) et 7,25 ppm (doublet) caractéristiques d'un noyau aromatique trisubstitué. Il apparait également sur ce spectre un singulet intense de trois protons à δ_H 3,75 ppm attribuable à un groupement méthoxyle, un autre à δ_H 3,65 ppm attribuable au méthylcarboxylate et un triplet à δ_H 5,71 ppm attribuable au proton lié à un carbone sp^2.

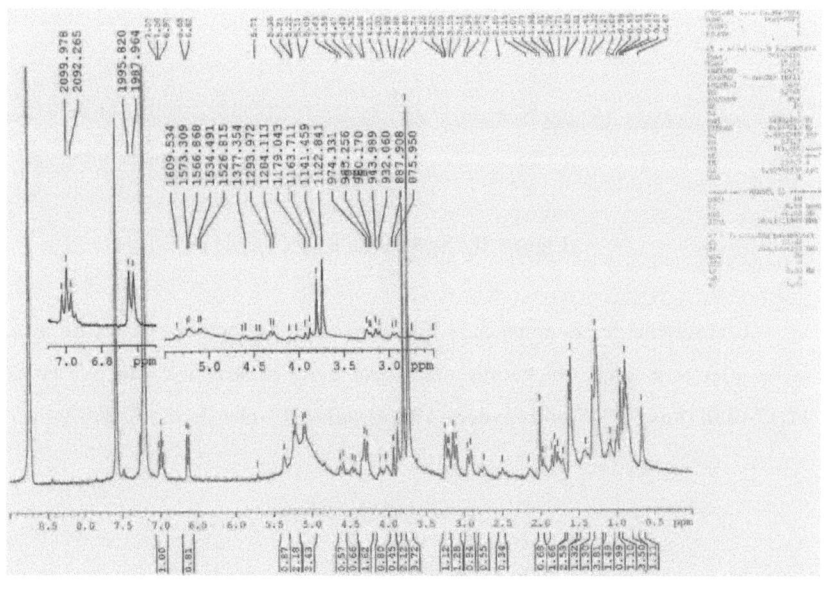

Figure 37: Spectre de RMN ^1H de R_d

Sur le spectre de RMN ^{13}C de R_d (figure 38), on observe 21 signaux de carbone parmi lesquels celui à δ_C 176,1 ppm est caractéristique du carbonyle d'ester. Le signal à δ_C 53,8 ppm confirme la présence du méthylcarboxylate et celui à δ_C 56,1 ppm est attribuable au méthoxyle. Les autres pics observés entre δ_C 103,5 et 151,5 ppm sont compatibles avec ceux des carbones des alcaloïdes indoliques monoterpéniques de type ajmalane décrits dans la littérature.

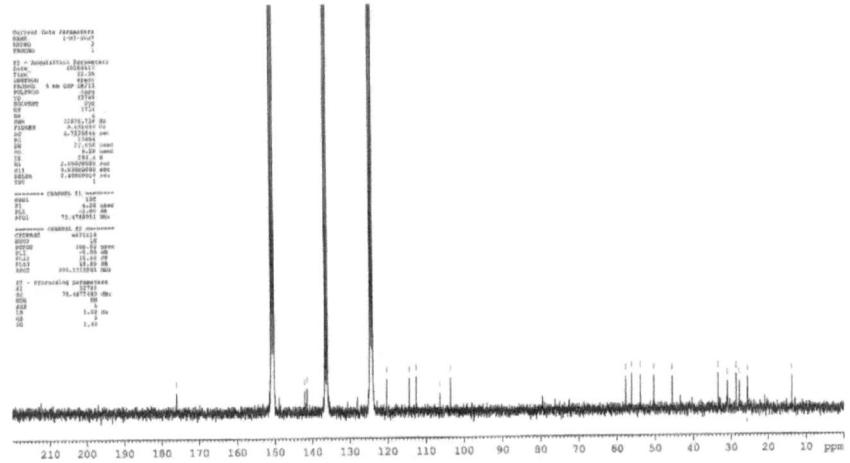

Figure 38: Spectre de RMN ^{13}C de R_d

L'ensemble de ces données physiques et spectroscopiques en accord avec celles de la littérature, nous ont permis d'attribuer à R_d la structure **148** qui est celle du **12,17-diméthoxy-19,20-didehydro-(19)- ajmalan-17-one** (Li et *al.*, 2007).

II.2.2.10. Identification de R_e

Le composé R_e est un composé obtenu sous forme de poudre blanche dans l'AE et il est soluble dans la pyridine.

Sur le spectre de RMN ^1H de R_e, on observe à δ_H 8,38 et 8,58 ppm deux signaux d'un proton chacun apparaissant sous forme de doublets attribuables aux protons liés à l'azote de la fonction amide. La présence de cette fonction est justifiée sur le spectre de RMN ^{13}C où on observe à δ_C 177,0 ppm un signal attribuable au carbonyle des amides. On observe également sur le spectre de RMN ^1H de R_e des pics apparaissant entre δ_H 4,00 et 5,50 ppm attribuables aux protons anomériques et suggérant la présence de deux sucres dans le squelette de R_e. Il apparait sur ce spectre deux singulets larges et intenses à δ_H 1,28 et 1,30 ppm caractéristiques de deux longues chaînes carbonées.

La présence sur le spectre de RMN ^{13}C de quatre signaux de carbones oléfiniques à δ_C 133,4; 131,9; 131,7 et 131,4 ppm d'une part et de deux signaux de carbones anomériques à δ_C 106,9 et 106,8 ppm d'autre part nous ont permis de penser que R_e serait un mélange de deux isomères dans des proportions égales.

L'ensemble de ces données nous ont permis de suggérer que R_e est un mélange **R** et **S** de **deux cérébrosides** dont le squelette de base (**149**) est représenté ci-après. Cheng et *al.* (2008) avait déjà isolé le cérébroside **121** des écorces des racines de la même plante.

Tableau XIV: Autres composés isolés des écorces des racines de *Rauvolfia vomitoria*

code	nom
R_a	Stigmastérol (**43**)
R_b	Acide bétulinique (**146**)

II.3. QUELQUES TRANSFORMATIONS CHIMIQUES

II.3.1. REACTIONS D'ACETYLATION

La réaction d'acétylation est une réaction d'estérification entre l'acide acétique et un alcool. Elle permet généralement de déterminer le nombre de groupements hydroxyles alcooliques ou phénoliques au sein d'un composé. C'est une réaction réversible (lente et limitée), il est donc nécessaire pour la rendre totale d'utiliser à la place de l'acide, ses dérivés tels que les anhydrides ou les chlorures d'acyle. Le réactif de choix pour l'acétylation utilisé au cours de nos travaux est l'anhydride acétique en présence de la pyridine.

Dans le but de confirmer le nombre de groupements hydroxyles présents dans certains de nos composés isolés, nous avons réalisé quelques réactions d'acétylation.

Pour cela, 5 mg de composé à acétyler ont été dissout dans un mélange anhydride acétique/pyridine (1 ml/2 ml). Le mélange a été laissé à température ambiante pendant 24 heures et contrôlé par CCM. Par la suite, l'eau glacée a été ajoutée dans le milieu réactionnel puis le précipité formé a été filtré. Ce précipité a été dissout dans le mélange chloroforme/méthanol (1/1) trois fois pour éliminer les traces de pyridine.

[Schéma: RV₂ 19 (HO-) → Ac₂O / Pyridine, 24 heures → (AcO-)]

II.3.2. REACTIONS D'OXYDATION

L'oxydation peut être définie en chimie organique, pour une molécule donnée, comme l'augmentation du degré d'oxydation d'un ou de plusieurs éléments, le plus souvent le carbone. La solution d'acide chromique et d'acide sulfurique en proportion 1/1 dans l'acétone (réactif de Jones) est utilisée pour oxyder quantitativement les alcools secondaires en cétones.

Dans le cadre de nos travaux, 10 mg de composé à oxyder ont été dissout dans 4 ml d'acétone au quel on a ajouté goûte à goûte 1 ml d'acide chromique. Le mélange a été chauffé à reflux pendant 2 heures. Le mélange réactionnel a été ensuite extrait avec le chlorure de méthylène (2 x 10 ml) et la phase organique a été passée sur gel de silice dans un tube pasteur puis évaporée à température ambiante. La formation du composé oxydé a été confirmée par le test positif de la 2, 4-dinitrophenylhydrazine.

[Schéma: RV₂ 19 → CrO_3 / H^+, 2 heures → cétone]

[Schéma: DL₄ 43 → CrO_3 / H^+, 2 heures → cétone]

II.4. ACTIVITES BIOLOGIQUES DES EXTRAITS ET DE QUELQUES COMPOSES ISOLES

II.4.1. ACTIVITE ANTIMICROBIENNE

II.4.1.1. Evaluation des résultats

Les activités antimicrobiennes des extraits au MeOH des tiges de *Drypetes laciniata*, des feuilles de *Rauvolfia vomitoria* et de certains composés isolés ont été évaluées par la méthode de dilution en milieu liquide décrite dans la littérature. Ces tests ont été effectués à l'aide de quatre bactéries et d'une levure, le contrôle positif a été réalisé à l'aide de deux antibiotiques de référence notemment la gentamicine et la nystatine comme le montre le tableau suivant.

Tableau XV: Concentrations minimales inhibitrices (CMI) (µg/ml) des extraits et quelques composés

Echantillons	*Eschéricha coli*	*Pseudomona aeruginosa*	*Salmonella typhi*	*Staphylococus aureus*	*Candida albicans*
D. laciniata (MeOH)	128	256	128	128	64
R. vomitoria (MeOH)	128	256	256	256	64
RV$_3$ = (144)	256	IN	512	512	64
DL$_7$ = (139)	256	256	512	IN	IN
DL$_{10}$ = (143)	256	IN	512	IN	IN
RA	2	4	4	4	16

RV$_3$ (**144**) = 3β-hexadecanoyloxy-lup-20,29-èn-21-ol

DL$_7$ (**139**) = 3β-hydroxyfriedelane-7, 12, 22-trione

DL$_{10}$ (**143**) = Chikusetsusaponin IVa méthyl ester

RA = antibiotique de référence: gentamicine pour les bactéries et nystatin pour *candida albicans*

IN: inactif au dessus de 512 µg/ml

II.4.1.2. Interprétations

Il ressort de ce tableau que le composé RV_3 (**144**) est actif sur quatre des cinq micro-organismes testés bien que les valeurs des concentrations d'inhibition minimale (CMI) obtenues soient supérieures à celles des composés de référence. Cependant, l'activité enregistrée sur *C. albicans* paraît intéressante compte tenu du fait que la valeur de la CMI enregistrée (64 µg/ml) est seulement 4 fois plus grande que celle de la nystatine. Ce tableau montre également que les extraits semblent légèrement plus actifs que les composés.

En définitive, nous pouvons dire que les extraits au MeOH des tiges de *Drypetes laciniata* et des feuilles de *Rauvolfia vomitoria* et les composés RV_3 (**144**), DL_7 (**139**) et DL_{10} (**143**) présentent une activité antimicrobienne modérée.

Par ailleurs, les autres composés DL_1 (friedeline, **32**), DL_2 (friedelane-3,7-dione, **12**), DL_5 (acide oléanique, **14**), RV_2 (lupéol, **19**), RV_4 (acide bétulinique, **146**) et RV_6 (3-*O*-β-D-glucopyranosyl-β-stigmastérol, **47**) avaient été déjà isolés de *Drypetes tessmanniana*, et avaient également présenté une activité antimicrobienne modérée (Kuete *et al.*, 2010).

Par conséquent, ces résultats des tests d'activité antimicrobienne obtenus sur les extraits au MeOH et certains composés, constituent une base d'informations assez intéressantes sur l'utilisation éventuelle de *Drypetes laciniata* et de *Rauvolfia vomitoria* dans le traitement des maladies infectieuses.

II.4.2. ACTIVITE ANTI-INFLAMMATOIRE

Résultats et discussion

L'injection sous cutanée de carragéenine (0,1 ml à 1%) provoque une réaction inflammatoire se traduisant par le gonflement de la patte du rat. Cette activité évolue en fonction du temps comme l'indique le tableau suivant.

Tableau XVI: Effets des extraits au méthanol des tiges de *D. laciniata* et des feuilles de *R. vomitoria* sur l'inflammation induite par la carragéenine sur la patte du rat.

Groupes	Doses (mg/kg)	Pourcentage d'inflammation (%)						
		30 min	1h	2h	3h	4h	5h	6h
Contrôle	-	25,6±3,1	47,8±4,4	88,9±17,6	71,1±13,3	102,9±18,2	59,6±11,5	46,5±9,3
Indométacine	10	14,4±1,5	20,9±7,0*	37,1±14,5*	27,8±12,8	57,2±25,9*	34,6±15,7	39,9±9,6
D. laciniata	100	23,6±7,6	60,9±9,8	49,7±8,5	50,2±9,4	34,3±8,6**	21,4±9,4	23,5±8,6
D. laciniata	200	36,0±9,9	51,6±13,9	56,6±15,7	47,6±15,8	45,7±17,5*	39,9±15,5	33,4±14,7
R. vomitoria	100	27,4±7,9	50,4±4,7	45,1±14,4	38,1±13,2	28,4±12,0**	22,8±16,0	12,5±8,5
R. vomitoria	200	30,0±8,6	59,8±13,7	72,8±7,7	66,8±12,9	49,6±12,3**	53,5±8,2	56,4±5,9

Chaque valeur représente l'inflammation moyenne de la patte ± E.S.M., n = 5
*P < 0,05, **P < 0,01, différences significatives par rapport au contrôle négatif.

Il ressort de ce tableau que la carragéenine provoque un accroissement du volume de la patte du rat témoin. Le volume de la patte augmente progressivement jusqu'à un volume maximal se situant à la 4ème heure. Le pourcentage inflammatoire est passé de 25,6% à la 30ème min à 102,9% à la 4ème heure. Chez les rats traités aux extraits des tiges de *D. laciniata* ou des feuilles de *R. vomitoria*, l'augmentation maximale du volume de la patte se situe entre la 1ère et la 2ème heure. A la 2ème h par exemple, l'accroissement du volume moyen de la patte atteint un maximum de 56,6% avec l'extrait de *D. laciniata* et de 72,8% avec l'extrait de *R. vomitoria* à la dose respective de 200 mg/kg. Cette réduction de l'inflammation par rapport aux animaux témoins indique que ces extraits auraient une activité anti-inflammatoire. Les résultats consignés dans le tableau précédent montrent la variation de l'activité anti-inflammatoire des extraits aux différentes doses en fonction du temps.

Tableau XVII: Pourcentage d'inhibition de l'inflammation induite par la carragéenine sur la patte du rat traitée à l'extrait au MeOH des tiges de *D. laciniata* et des feuilles de *R. vomitoria*

Groupes	Doses (mg/kg)	Pourcentage d'inhibition (%)						
		30 min	1h	2h	3h	4h	5h	6h
Indométacine	10	66,7	76,19	71,15	76	69,27	66,7	14,6
D. laciniata	100	37,8	14,29	62,82	53,6	78,21	77,14	67,07
D. laciniata	200	13,3	33,33	60,9	59,2	73,18	60	57,32
R. vomitoria	100	4,44	8,33	56,4	54,4	76,54	68,6	78,05
R. vomitoria	200	24,4	16,7	43,6	36	67,60	37,14	17,07

Ces résultats montrent que l'indométacine a provoqué une activité anti-inflammatoire maximale de 76% à la 1ère heure. L'extrait de *D. laciniata* induit une inhibition maximale de l'inflammation respectivement de 78% et de 73% à la 4ème heure aux doses de 100 et 200 mg/kg. L'extrait de *R. vomitoria* a provoqué une activité anti-inflammatoire maximale de 78% à la 6ème heure à la dose de 100 mg/kg et de 67% à la 4ème heure à la dose de 200 mg/kg. Il est connu que dans l'inflammation aigüe induite par la carragéenine, le processus inflammatoire se déroule en 3 phase (Singh et *al.*, 1996). Nos extraits ont inhibé significativement l'œdème produit par la carragéenine dès la 4ème heure. Ces observations suggèrent que les extraits méthanoliques des tiges de *D. laciniata* et des feuilles de *R. vomitoria* auraient un effet inhibiteur sur la libération des médiateurs responsables du développement de la quatrième phase de l'inflammation aigüe en occurrence les prostaglandines.

Les études phytochimiques antérieures sur les espèces du genre *Drypetes* et *Rauvolfia* ont révélé la présence des triterpénoïdes et des phytostérols qui possèdent à des degrés différents des propriétés anti inflammatoires (Bruneton, 1993). L'activité anti-inflammatoire induite par les extraits des tiges de *D. laciniata* et des feuilles de *R. vomitoria* résulterait probablement de la présence de ces composés.

CONCLUSION GENERALE ET PERSPECTIVES

Les travaux de recherche entrepris au laboratoire de Chimie Organique de l'Université de Yaoundé I basés sur l'étude phytochimique des tiges de *Drypetes laciniata* ont abouti à l'isolement et à la caractérisation de dix composés parmi les quels six triterpènes, deux saponines et deux stéroïdes. Un de ces triterpènes a été caractérisé comme dérivé nouveau: Il s'agit de la 3β-hydroxyfriedelane-7,12,22-trione. Les composés connus ont été identifiés à: la friedeline, friedelan-3,7-dione, friedelane-3,15-dione, acide 3β-hydroxyoléan-12-èn-28-oïque, acide 3β,22β-dihydroxyoléan-12-èn-28-oïque, 3β-hydroxyoléan-12-èn-28-β-D-glucopyranosyl ester, chikusetsusaponin IVa methyl ester, stigmastérol et au mélange de 3-O-β-D-glucopyranosyl-β-sitostérol et 3-O-β-D-glucopyranosyl-stigmastérol.

Par ailleurs, l'étude phytochimique des feuilles, des écorces du tronc et des écorces de racines de *Rauvolfia vomitoria* a abouti à l'isolement et à la caractérisation de onze composés répartis en quatre triterpènes dont un nouvellement décrit dans la littérature nommé 3β-hexadécanoyloxy-lup-20(29)-èn-21-ol de type lup-20(29)-ène, deux stéroïdes, un acide gras, trois alcaloïdes et un mélange de deux cérébrosides. Les composés connus ont été identifiés à: l'acide ursolique, lupéol, acide bétulinique, β-stigmastérol, 3-O-β-D-glucopyranosyl-stigmastérol, acide palmitique, mitoridine, 12,17-diméthoxy-19,20-didehydro-ajmalan-17-one et isoréserpiline.

Ces composés ont été isolés par des techniques chromatographiques classiques et leurs structures élucidées à partir de l'analyse de leurs spectres de masse, RMN 1D (^{1}H, ^{13}C) et RMN 2D (COSY, HMBC, HMQC, HSQC, NOESY). Certaines structures ont été confirmées par comparaison de leurs données physiques et spectrales avec celles de la littérature.

Les réactions d'acétylation et d'oxydation ont été effectuées sur le lupéol, le stigmastérol et le glucosyl de stigmastérol et ont permis d'obtenir des dérivés connus.

Les propriétés antimicrobiennes des extraits des tiges de *Drypetes laciniata* et des feuilles de *Rauvolfia vomitoria* et de certains composés isolés ont été évaluées au Laboratoire de Biochimie de l'Université de Dschang. Il ressort de cette étude que les extraits de ces plantes, les composés RV_3 (3β-hexadécanoyloxy-lup-20,29-èn-21-ol), DL_7 (3β-hydroxyfriedelane-7,12,22-trione) et DL_{10} (Chikusetsusaponin IVa méthyl ester) présentent une activité anti microbienne modérée. Les autres composés DL_1 (friedeline), DL_2 (friedelane-3,7-dione), DL_5 (acide oléanolique), RV_2 (lupéol), RV_4 (acide bétulinique) et RV_6 (3-*O*-β-*D*-glucopyranosyl-β-stigmastérol) avaient été déjà isolés de *Drypetes tessmanniana*, et avaient également présenté une activité antimicrobienne modérée.

Les résultats de ces tests justifieraient l'utilisation de ces plantes en pharmacopée traditionnelle dans le traitement des maladies infectieuses à l'exemple de la gonococcie et de la dysenterie.

Les propriétés anti-inflammatoires des extraits au MeOH des tiges de *Drypetes laciniata* et des feuilles de *Rauvolfia vomitoria* ont été évaluées au Laboratoire de Biologie et Physiologie Animale de l'université de Yaoundé I. Ces propriétés ont été effectuées sur l'œdème de la patte induite par la carragéenine et ont montré que ces plantes possèdent une activité anti-inflammatoire. Les résultats ainsi obtenus expliquent l'utilisation dans la pharmacopée traditionnelle de ces plantes dans le traitement des fièvres, des œdèmes, des courbatures et des douleurs rhumatismales et abdominales

Compte tenu de l'impact que pourrait avoir l'étude phytochimique dans le processus de valorisation de la médecine traditionnelle et des activités biologiques efficaces résultant de ces classes de composés, nous avons pour ambition:
- D'effectuer les transformations chimiques sur d'autres composés isolés
- De soumettre les composés isolés et les composés d'hémi synthèse à d'autres tests d'activités biologiques
- D'évaluer les degrés de toxicité des extraits et de certains composés isolés
- D'effectuer les synthèses et hémi synthèses des composés ayant développé une activité intéressante en vue d'obtenir des nouveaux dérivés plus actifs
- D'étendre nos recherches sur les autres espèces du genre *Rauvolfia*.

CHAPITRE III: MATERIELS ET METHODES

III.1. APPAREILLAGE

La détermination des différentes masses s'est faite par pesée sur une balance électronique à 10^{-3} près.

Plusieurs types de matériels ont été utilisés pour effectuer les différentes techniques chromatographiques:

Une grosse colonne en verre fritté de dimension 4 cm de diamètre sur 77 cm de hauteur utilisée pour la chromatographie sur colonne.

Les petites colonnes ont été utilisées pour la purification des composés.

Le gel de silice de fabrication MERK de granulation variant entre 0.063 et 0,400µm a été utilisé pour effectuer les différentes chromatographies sur colonne.

Les plaques de silice sur verre de surface 20 x 10 cm^2 (fabrication locale), les plaques préfabriquées sur feuille d'aluminium de type MERK ont été utilisées pour la chromatographie sur couche mince.

Le développement des plaques s'est fait dans les cuves chromatographiques de formes cylindriques ou parallélépipédiques contenant des systèmes de solvants différents tels que Hex/CH_2Cl_2 (9:1), CH_2Cl_2/MeOH (19:1) et CH_2Cl_2/MeOH (9:1).

La révélation des taches s'est faite de plusieurs manières:
- Utilisation de la lampe UV de type SPECTROLINE, model CC-80 de longueur d'onde 264 et 365nm.
- Immersion des plaques dans les vapeurs d'iode contenues dans une cuve.
- Pulvérisation des plaques à l'aide de l'acide sulfurique dilué à 50% ou avec de la vanilline dans l'acide sulfurique concentré suivi du chauffage.

L'évaporation s'est faite à l'aide d'un évaporateur rotatif de marque BUCHI.

Les spectres de Résonance Magnétique Nucléaire du proton et du carbone ont été enregistrés sur le spectromètre de type BRUKER AC 400. Les résultats ont été exprimés comme suit: δ (ppm) et J (Hz).

Les spectres de masse quant à eux ont été enregistrés sur un instrument de type Micro masse Q-Tof, un spectromètre de type Negmag R10 – 10C et un Détecteur Selectif de masse HP – 5973.

Le screening photochimique a été réalisé au moyen des tests caractéristiques suivants:

Test de LIEBERMANN-BURCHARD
But: Identification des triterpénoïdes et des stéroïdes.

Ce test consiste à dissoudre le produit dans le mélange $CHCl_3$ et anhydride acétique. Ensuite, on ajoute quelques gouttes de H_2SO_4 concentré.

La coloration bleu verdâtre indique la présence des stérols, par contre, la coloration rouge violacée indique la présence des triterpènes.

Test de MOLISH
But: Identification des sucres

Mettre 2 ml d'extrait dans un tube à essai puis dissoudre 100 mg de l-Naphtol dans 10 ml d'éthanol. Prélever 2 ml de cette solution, l'ajouter à l'extrait et bien homogénéiser. Faire couler lentement quelques gouttes de l'acide sulfurique concentré sur les parois du tube de telle sorte qu'il se forme une phase inférieure à la solution méthanolique.

L'observation d'une coloration violette à l'interface des deux liquides indique la présence des sucres.

Test de DRAGGENDORF
But: Identification des alcaloïdes

Déposer 8 ml d'extrait dans un tube à essai et chasser tout le solvant. Ajouter 2 ml d'acide chlorhydrique à 2 %. Répartir la solution obtenue dans deux tubes à essai. Dans l'un, mettre 3 gouttes du réactif de Meyer et observer le précipité blanc jaunâtre. Dans l'autre, ajouter deux gouttes du réactif de Draggendorf et observer la formation d'un précipité brun rougeâtre.

III.2. MATERIELS

III.2.1. MATERIEL VEGETAL

Les tiges de *Drypetes laciniata* Hutch. (Euphorbiaceae) ont été récoltées en Novembre 2005 dans la réserve du Dja à l'Est Cameroun et identifiées par le botaniste Guy Merlin NGUENANG de l'Université de Yaoundé I. Un échantillon a été déposé à l'herbier National de Yaoundé sur la Référence N° 4956/SRFK. Après séchage et broyage, une poudre (4 kg) a été obtenue pour l'extraction.

Les feuilles et écorces de *Rauvolfia vomitoria* Afzel (Apocynaceae) ont été récoltées à Mbalmayo en Février 2007 puis identifiées par le botaniste NANA Victor. Un échantillon a été déposé à l'herbier National de Yaoundé sur la Référence N° 1959/SRFK. Après séchage et broyage, les poudres des feuilles (5 kg), des écorces du tronc (3 kg) et des écorces de racines (1 kg) ont été obtenues pour l'extraction.

III.2.2. MATERIEL BIOLOGIQUE

III.2.2.1. ACTIVITE ANTIMICROBIENNE

Pour effectuer les tests antimicrobiens, nous avons utilisé quatre (4) souches bactériennes et une levure:
- Une souche à Gram-positif: *Staphylococcus aureus ATCC25922*.
- Trois souches à Gram-négatif: *Escherichia coli ATCC11775, Pseudomonas aeroginosa ATCC27853, Salmonella typhi ATCC6539*.
- Une levure appelée *Candida albicans*

III.2.2.2. ACTIVITE ANTI-INFLAMMATOIRE

L'évaluation de l'activité anti-inflammatoire des extraits a été réalisée sur les rats blancs de souche Wistar, âgés de 7 à 10 semaines et pesant entre 80 et 140 g. Les animaux ont été élevés à la température ambiante et nourris adlibitum avec de la provende SPC et de l'eau dans l'animalerie du Laboratoire de Physiologie Animale de la Faculté des Sciences de l'Université de Yaoundé I.

III.2.2.2.1. Préparation des solutions

➢ Solution saline de **NaCl 0,5%**

La solution saline de NaCl 0,5% a été préparée en dissolvant 50 mg de NaCl dans 100 ml d'eau distillée.

➢ Substance pharmacodynamique: **Indométacine**

Une solution d'indométacine à 1mg/ml a été préparée en dissolvant un comprimé d'indométacine (25 mg) dans 25 ml d'eau distillée.

➢ Substance ou agent phlogogène: **Carragéenine**

Une solution à 10 mg/ml a été préparée en ajoutant à 1 g de carragéenine 100 ml d'eau distillée.

III.2.2.2.2. Test à la carragéenine

➢ **Protocole expérimental**

Les rats pesant 80 à 140 g étaient répartis en 6 groupes de 5 animaux chacun:
- Un groupe témoin négatif traité à l'eau distillée (10 ml/kg)
- Un groupe témoin positif traité à l'indométacine (10 mg/kg)
- Quatre groupes essais traités aux extraits des plantes aux doses de 100 et de 200 mg/kg

Les rats ont été mis à jeun 24 heures avant le début de l'expérience. L'inflammation a été induite par injection de 0,1 ml de carragéenine 1% sous l'aponévrose plantaire du rat et le volume de la patte a été mesuré à l'aide d'un pléthysmomètre électrique (7150 UGO Basile, Italie). L'appareillage comprend un réservoir contenant une solution de Nacl 0,5% et un imbibateur qui alimente une cellule perpex dans la quelle la patte de l'animal est plongée. Un transducteur électrique qui enregistre toute variation du volume de la patte et une pédale manuelle connectée au transducteur, permettant de stabiliser le volume inflammatoire enregistré.

L'inflammation de la patte postérieure droite du rat a été induite selon la méthode décrite par Winter et *al.* (1962). Une injection de 0,1 ml de la solution de carragéenine (10 mg/ml) a été faite sous l'aponévrose plantaire de la patte droite du rat 30 min après l'administration des extraits. Les mesures ont été faites à 0, 0.5, 1, 2, 3, 4, 5 et 6 h après administration des extraits.

Le volume de la patte (V_0) a été enregistré avant injection de la carragéenine puis à 30 min, 1 h, 2 h, 3 h, 4 h, 5 h et 6 h après cette injection (V_t).

Les pourcentages d'inflammation (PI) et d'inhibition (Pi) ont été obtenus par les formules suivantes:

$$PI\,(\%) = \frac{V_t - V_0}{V_0} \times 100$$

$$Pi\,(\%) = \frac{(V_t - V_0)\,contrôle - (V_t - V_0)\,Essai}{(V_t - V_0)\,contrôle} \times 100$$

V_0: volume moyen initial de la patte

V_t: volume moyen de la patte au temps t après induction de l'inflammation

PI: pourcentage d'inflammation

Pi: pourcentage d'inhibition

> **Analyse statistique**

Les résultats des pourcentages d'inflammation ont été exprimés sous forme de moyenne plus ou moins erreur standard sur la moyenne (E.S.M.). Les moyennes des différents groupes témoins et les groupes essais ont été analysées statistiquement par la méthode de l'analyse de variance (ANOVA) suivie du test-t de comparaison multiple de Dunnett, à l'aide du logiciel Graphpad instat. Les différences entre les moyennes des différents groupes étaient considérées comme statistiquement significatives pour les valeurs de P inférieurs à 5% ($P < 0,05$).

III.3. EXTRACTION ET ISOLEMENT DES COMPOSES

III.3.1. EXTRACTION ET ISOLEMENT DES COMPOSES DE *DRYPETES LACINIATA*

III.3.1.1. Extraction

La poudre obtenue a été extraite au méthanol à température ambiante. Après évaporation sous pression réduite, 60 g d'extrait ont été récupéré.

III.3.1.2. Isolement et purification des composés

III.3.1.2.1. Séparation par chromatographie sur colonne

L'extrait fixé sur la silice et monté dans une colonne à gel de silice a été élué à l'hexane, au mélange hexane/acétate d'éthyle de polarité croissante, à l'acétate d'éthyle, au mélange acétate d'éthyle/méthanol de polarité croissante et enfin au méthanol. Cette élution nous a permis de collecter 125 fractions regroupées en 5 séries comme l'indique le tableau XVIII.

Tableau XVIII: Chromatogramme du fractionnement de l'extrait au méthanol des tiges du *Drypetes laciniata*

Eluant CC	Fractions	CCM	Série	Observations
Hex 100 %	1 – 2			Rien
Hex /AE 95/05	3 – 5	Hex /AE 95/05	A	Formation des cristaux dans les fractions 4, 6 et 9
Hex /AE 90/10	6 – 11			
Hex /AE 85/15	12 – 17	Hex /AE 90/10	B	2 taches rapprochées de couleurs noire et rougeâtre et de légères trainées
Hex /AE 80/20	18 – 21	Hex /AE 85/15		
Hex /AE 75/25	22 – 28			
Hex /AE 70/30	29 – 37	Hex /AE 80/20		
Hex /AE 60/40	38 – 46			
Hex /AE 50/50	47 – 53	Hex /AE 75/25		

Hex /AE 40/60	54 – 67	Hex /AE 70/30	C	2 taches de couleurs	
Hex /AE 30/70	68 – 76			jaune et rougeâtre pas très	
Hex /AE 20/80	77 - 86	CH$_2$Cl$_2$		rapprochées et d'autres	
Hex /AE 10/90	87 – 91			taches proches	
AE 100 %	92 – 101				
AE/MeOH 95/05	102 – 104	CH$_2$Cl$_2$/MeOH 95/05	D	taches rapprochées, 2 taches Jaunes et 1 tache rouge intenses pouvant être séparées	
AE/MeOH 90/10	105 – 109				
AE/MeOH 85/15	110 – 112	CH$_2$Cl$_2$/MeOH 92.5/7.5			
AE/MeOH 80/20	113 – 115				
AE/MeOH 75/25	116 – 120				
MeOH 100 %	121 - 125		E	Pâte collante	

III.3.1.2.2. Traitement des séries et des fractions

- Traitement de la série A

Laissées à température ambiante pendant une heure environ, les cristaux se forment dans les fractions 4, 6 et 9. Ces cristaux obtenus ont été lavés à l'hexane puis filtrés.

Ces cristaux de couleur blanche, solubles dans le chloroforme ont été indexés **DL$_1$**, **DL$_2$**, **DL$_3$** et présentent une seule tache en CCM.

- Traitement de la série B

La CCM effectuée sur cette série nous a montré la présence de deux taches justifiant ainsi l'existence de deux produits que nous allons séparer par chromatographie sur colonne.

La purification de cette série s'est effectuée dans une petite colonne et l'élution s'est faite avec l'hexane puis le mélange hexane/acétate d'éthyle de polarité croissante comme le montre le tableau XIX suivant:

Tableau XIX: Chromatogramme de purification de la série B

Eluant CC	Fractions	CCM	Sous-série	Observations
Hex 100 %	1 – 3	Hex 100 %	B_1	
Hex /AE 95/05	4 – 8			
Hex /AE 90/10	9 – 14	Hex /AE 95/05	B_2	tache noire intense
Hex /AE 85/15	15 – 20			
Hex /AE 80/20	21 – 26	Hex /AE 80/20		
Hex /AE 75/25	27 – 32			
Hex /AE 70/30	33 – 38			
Hex /AE 65/35	39 – 44	Hex /AE 70/30	B_3	tache rougeâtre intense
Hex /AE 60/40	45 – 50			
Hex /AE 50/50	51 – 56	Hex /AE 60/40		
Hex /AE 45/55	57 – 65			
Hex /AE 40/60	66 – 70			
Hex /AE 30/70	71 – 76	Hex /AE 40/60	B_4	Traînées abondantes
Hex /AE 20/80	77 - 85			

Après formation des cristaux dans les fractions des sous-séries B_2 et B_3, ces cristaux ont été lavés au mélange hexane/acétate d'éthyle et à l'acétate d'éthyle puis filtrés.

Les cristaux des fractions de la sous-série B_2 de couleur blanche, solubles dans le chloroforme sont indexés **DL₄** et présentent une tache en CCM. Ceux des fractions de la sous-série B_3 de couleur blanche, solubles dans la pyridine ont été indexés **DL₅** et présentent également une tache en CCM.

- **Traitement de la série C**

La CCM effectuée sur les fractions de cette série nous montre la présence de deux taches qu'on peut facilement séparer en utilisant une petite colonne de purification et d'autres taches proches.

Après élution de la colonne, nous avons obtenu les données ci-après:

Tableau XX: Chromatogramme de purification de la série C

Eluant CC	Fractions	CCM	Sous-série	Observations
Hex /AE 60/40	1 – 4	Hex /AE 65/35	C_1	tache jaune intense
Hex /AE 55/45	5 – 7			
Hex /AE 50/50	8 – 11	Hex /AE 60/40		
Hex /AE 45/55	12 – 14			
Hex /AE 40/60	15 – 17	Hex /AE 50/50	C_2	Légères traînées
Hex /AE 35/65	18 – 21			
Hex /AE 30/70	22 – 24			
Hex /AE 25/75	25 – 30	CH_2Cl_2	C_3	tache rougeâtre
Hex /AE 20/80	31 – 38			
Hex /AE 10/90	39 – 44			
AE 100%	45 – 49	$CH_2Cl_2/MeOH$ 97.5/2.5		
AE/MeOH 95/05	50 – 55			
AE/MeOH 90/10	56 – 60	$CH_2Cl_2/MeOH$ 95/05	C_4	Présence de plusieurs taches rapprochées avec traînées
AE/MeOH 85/15	61 - 65			

Après formation des cristaux dans les fractions des sous-séries C_1 et C_3, ces cristaux ont été lavés au mélange hexane/acétate d'éthyle et à l'acétate d'éthyle puis filtrés.

Les cristaux des fractions de la sous-série C_1 de couleur blanche, solubles dans le chloroforme sont indexés **DL$_6$** et présentent une tache en CCM. Ceux des fractions de la sous-série C_3 de couleur blanche, solubles dans la pyridine sont indexés **DL$_7$** et présentent également une tache en CCM.

- **Traitement de la série D**

Les CCM effectuées sur les fractions de cette série nous ont permis tout d'abord d'observer des taches intenses très rapprochées et trois taches pouvant être séparées. L'élution de la colonne de purification a conduit aux regroupements ci-après:

Tableau XXI: Chromatogramme de purification de la série D

Eluant CC	Fractions	CCM	Sous-série	Observations
Hex /AE 40/60	1 – 4	Hex /AE 50/50	D_1	taches très rapprochées avec traînées
Hex /AE 35/65	5 – 8			
Hex /AE 30/70	9 – 13	Hex /AE 40/60		
Hex /AE 25/75	14 – 17			
Hex /AE 20/80	18 – 21	CH_2Cl_2	D_2	tache jaune claire
Hex /AE 15/85	22 – 25			
Hex /AE 10/90	26 – 30			
Hex /AE 05/95	31 – 35	CH_2Cl_2/MeOH 95/05	D_3	tache jaune intense
AE 100%	36 – 39			
AE/MeOH 95/05	40 – 43			
AE/MeOH 90/10	44 – 48		D_4	tache rougeâtre
AE/MeOH 85/15	49 – 52	CH_2Cl_2/MeOH 92.5/7.5		
AE/MeOH 75/25	53 – 56			
MeOH 100 %	57 – 60		D_5	Pâte collante

On observe après quelques heures la formation des cristaux dans les fractions des sous-séries D_2, D_3 et D_4, ces cristaux ont été lavés à l'acétate d'éthyle puis filtrés. Les cristaux de couleur blanche obtenus, solubles dans la pyridine ont été indexés **DL_8, DL_9, DL_{10}** et présentent une seule tache en CCM.

On n'a pas observé la formation des cristaux dans les fractions des sous-séries D_1 et D_5.

III.3.2. EXTRACTION ET ISOLEMENT DES COMPOSES DE *RAUVOLFIA VOMITORIA*

III.3.2.1. Extraction

La poudre de feuilles obtenue a été extraite au MeOH à température ambiante. Après évaporation sous pression réduite, 62 g d'extrait ont été récupéré.

La poudre des écorces du tronc obtenue a été extraite au MeOH à température ambiante. Après évaporation sous pression réduite, 150 g d'extrait ont été récupéré.

Par ailleurs, l'extraction au MeOH de la poudre des écorces des racines a donné 80 g d'extrait après évaporation sous pression réduite.

III.3.2.2. Isolement et purification des composés des feuilles de *Rauvolfia vomitoria*

III.3.2.2.1. Séparation par chromatographie sur colonne

L'extrait obtenu a été fixé sur la silice, monté dans une colonne à gel de silice puis élué à l'hexane, au mélange hexane/acétate d'éthyle de polarité croissante, à l'acétate d'éthyle, au mélange acétate d'éthyle/méthanol de polarité croissante et enfin au méthanol. A l'issu de cela, 130 fractions ont été récupérées puis regroupées en 5 séries. Le tableau XXII ci-dessous présente le chromatogramme du fractionnement.

Tableau XXII: Chromatogramme du fractionnement de l'extrait au méthanol des feuilles de *Rauvolfia vomitoria*

Eluant CC	Fractions	CCM	Série	Observations
Hex 100 %	1 – 15	Hex /AE 95/05	A	Cristallisation dans les fractions 4-12
Hex /AE 95/05	16 – 21			
Hex /AE 90/10	22 – 24	Hex /AE 90/10	B	Présence de plusieurs taches dont 2 pouvant être séparées
Hex /AE 85/15	25 – 27			
Hex /AE 80/20	28 – 29			
Hex /AE 75/25	30 – 35	Hex /AE 80/20	C	Présence de 2 taches pas très proches et de plusieurs autres taches
Hex /AE 70/30	36 – 40			
Hex /AE 60/40	41 – 45	Hex /AE 70/30		
Hex /AE 55/45	46 – 50			
Hex /AE 50/50	51 – 55	Hex /AE 50/50		
Hex /AE 40/60	56 – 60			
Hex /AE 30/70	61 – 65			
Hex /AE 25/75	66 – 70	Hex /AE 30/70		
Hex /AE 20/80	71 – 75			
Hex /AE 15/85	76 – 83	Hex /AE 20/80	D	Cristallisation dans les fractions 86-98
AE 100 %	84 – 92			
AE/MeOH 95/05	93 – 99	AE/MeOH 95/05		
AE/MeOH 90/10	100 – 109			
AE/MeOH 85/15	110 – 118	AE/MeOH 90/10		
AE/MeOH 80/20	119 – 125			
MeOH 100 %	126 – 130		E	Pâte collante

III.3.2.2.2. Traitement des séries et des fractions

- **Traitement de la série A**

Laissées à température ambiante pendant 2 h environ, les cristaux se sont formés dans les fractions 4 à 12. Ces cristaux ont été lavés à l'hexane puis filtrés. Les cristaux de couleur blanche obtenus sont solubles dans le chloroforme, présentent une tache en CCM et sont indexés **RV_1**.

- **Traitement de la série B**

Les plaques de CCM obtenues dans cette série montrent deux taches qu'on peut facilement séparer des autres. Les fractions de cette série ont été fixées sur la silice, montées dans une colonne de purification puis éluées avec le système Hex/AE de polarité croissante. Les résultats obtenus sont représentés dans le tableau suivant.

Tableau XXIII: Chromatogramme de purification de la série B

Eluant CC	Fractions	CCM	Sous série	Observations
Hex 100 %	1 – 5	Hex 100 %	B_1	Fractions un peu huileuses
Hex /AE 95/05	6 – 11			
Hex /AE 90/10	12 – 18	Hex /AE 95/05	B_2	Cristallisation dans les fractions 10-14
Hex /AE 85/15	19 – 23			
Hex /AE 80/20	24 – 30	Hex /AE 85/15	B_3	Cristallisation dans les fractions 19-22
Hex /AE 75/25	31 – 36			
Hex /AE 70/30	37 – 43	Hex /AE 70/30	B_4	Trainées abondantes
Hex /AE 65/35	44 – 49			
Hex /AE 60/40	50 - 55			

Cette purification a conduit à la cristallisation dans les fractions des sous séries B_2 et B_3. Les cristaux obtenus ont été lavés au mélange Hex/AE puis filtrés. Ces cristaux sont solubles dans le chloroforme et présentent une tache en CCM. Ces cristaux sont indexés **RV_2** et **RV_3** respectivement.

- **Traitement de la série C**

Les plaques de CCM issues de cette série nous montrent deux taches que nous allons séparer des autres par purification dans une petite colonne chromatographique. L'élution de la colonne s'est faite avec le système Hex/AE de polarité croissante, les résultats sont représentés dans le tableau XXIV ci – dessous.

Tableau XXIV: Chromatogramme de purification de la série C

Eluant CC	Fractions	CCM	Sous série	Observations
Hex /AE 90/10	1 – 3	Hex /AE 95/05	C_1	Formation des cristaux dans les fractions 5-17
Hex /AE 85/15	4 – 6			
Hex /AE 80/20	7 – 10	Hex /AE 80/20		
Hex /AE 75/25	11 – 15			
Hex /AE 70/30	16 – 20			
Hex /AE 60/40	21 – 26	Hex /AE 60/40	C_2	Formation des cristaux dans les fractions 28-40
Hex /AE 50/50	27 – 31			
Hex /AE 40/60	32 – 36			
Hex /AE 30/70	37 – 40	Hex /AE 40/60		
Hex /AE 25/75	41 – 44			
Hex /AE 20/80	45 – 49	Hex /AE 25/75	C_3	Observation des taches très proches en CCM
Hex /AE 15/85	50 – 55			
AE 100 %	56 - 60			

Les cristaux formés dans les fractions des sous séries C_1 et C_2 ont été lavés au mélange Hex/AE puis filtrés. Ceux des fractions de la sous série C_1 sont solubles dans le chloroforme et indexés **RV₄**. Par ailleurs, les cristaux des fractions de la sous série C_2 sont solubles dans la pyridine et indexés **RV₅**.

- **Traitement de la série D**

Laissées à température ambiante pendant 1 jour, on observe un dépôt de cristaux dans les fractions 86 à 98. Ces cristaux ont été lavés à l'AE puis filtrés. Les cristaux de couleur marron claire obtenus sont solubles dans la pyridine, présentent une tache en CCM et sont indexés **RV₆**.

III.3.2.3. Isolement et purification des composés des écorces du tronc de *Rauvolfia vomitoria*

III.3.2.3.1. Séparation par chromatographie sur colonne

L'extrait obtenu a été fixé sur la silice, monté dans une colonne à gel de silice puis élué avec les solvants usuels. A l'issu de cela, 125 fractions ont été récupérées puis regroupées en 4 séries. Le tableau XXV ci-dessous présente le chromatogramme du fractionnement.

Tableau XXV: Chromatogramme du fractionnement de l'extrait au méthanol des écorces du tronc de *Rauvolfia vomitoria*

Eluant CC	Fractions	CCM	Série	Observations
Hex 100 %	1 - 8			Rien
Hex /AE 95/05	9 – 13	Hex /AE 95/05	A	Fractions huileuses
Hex /AE 90/10	14 – 19			
Hex /AE 85/15	20 – 25			
Hex /AE 80/20	26 – 32	Hex /AE 80/20	B	Formation des cristaux dans les fractions 30-45 et 53-66
Hex /AE 70/30	33 – 38			
Hex /AE 60/40	39 – 45	Hex /AE 70/30		
Hex /AE 50/50	46 – 51			
Hex /AE 40/60	52 – 57	Hex /AE 40/60		
Hex /AE 35/65	58 – 64			
Hex /AE 30/70	65 – 71			
Hex /AE 20/80	72 – 77	Hex /AE 20/80	C	Présence de 2 taches très séparées des autres
Hex /AE 15/85	78 – 83			
AE 100 %	84 – 88			
AE/MeOH 95/05	89 – 94	CH_2Cl_2/MeOH 77,5/2,5		
AE/MeOH 90/10	95 – 100			
AE/MeOH 85/15	101 – 107			
AE/MeOH 80/20	108 – 112	CH_2Cl_2/MeOH 95/5		
AE/MeOH 75/25	113 – 118			
MeOH 100 %	119 – 125		D	Pâte collante

III.3.2.3.2. Traitement des séries et des fractions

- **Traitement de la série B**

Laissées à température ambiante pendant 7h, on observe la formation des cristaux dans les fractions 30-45 et 53-66. Les cristaux obtenus ont été lavés à l'AE puis filtrés. Ces cristaux sont solubles dans la pyridine, au DMSO et sont indexés R_1 et R_2.

- **Traitement de la série C**

Les plaques de CCM issues de cette série montrent deux taches que nous allons séparer des autres par purification dans une petite colonne chromatographique. L'élution de la colonne s'est faite avec le système Hex/AE de polarité croissante, les résultats sont représentés dans le tableau XXVI ci – dessous.

Tableau XXVI: Chromatogramme de purification de la série C

Eluant CC	Fractions	CCM	Sous série	Observations
Hex /AE 60/40	1 – 3		C_1	Rien
Hex /AE 50/50	4 – 6			
Hex /AE 40/60	7 – 10	Hex /AE 40/60	C_2	Cristallisation dans les fractions 18-36
Hex /AE 35/65	11 – 14			
Hex /AE 30/70	15 – 18			
Hex /AE 20/80	19 – 24	Hex /AE 20/80		
Hex /AE 15/85	25 – 30			
AE 100 %	31 – 34	CH_2Cl_2/MeOH 77,5/2,5		
AE/MeOH 95/05	35 – 39			
AE/MeOH 90/10	40 – 44	CH_2Cl_2/MeOH 95/05	C_3	Cristallisation dans les fractions 42-52
AE/MeOH 85/15	45 – 49			
AE/MeOH 80/20	50 – 55			
AE/MeOH 75/25	56 - 60		C_4	Pâte collante

A l'issu de cette purification, nous observons la formation des cristaux dans les fractions des sous séries C_2 et C_3. Les cristaux obtenus ont été lavés à l'AE puis filtrés. Ces cristaux sont solubles dans la pyridine et indexés **R_3** et **R_4**.

III.3.2.4. Isolement et purification des composés des écorces des racines de *Rauvolfia vomitoria*

III.3.2.4.1. Séparation par chromatographie sur colonne

L'extrait obtenu a été fixé sur la silice, monté dans une colonne à gel de silice puis élué avec les solvants usuels. A l'issu de ce fractionnement, 120 fractions ont été récupérées puis regroupées en 5 séries comme le montre le tableau XXVII suivant:

Tableau XXVII: Chromatogramme du fractionnement de l'extrait au méthanol des écorces des racines de *Rauvolfia vomitoria*

Eluant CC	Fractions	CCM	Série	Observations
Hex 100 %	1 – 11	Hex /AE 95/05	A	Cristallisation dans les fractions 6-14
Hex /AE 95/05	12 – 20			
Hex /AE 90/10	21 – 24	Hex /AE 90/10	B	Présence de taches dont 2 pouvant être séparées
Hex /AE 85/15	25 – 27			
Hex /AE 80/20	28 – 29			
Hex /AE 75/25	30 – 35	Hex /AE 80/20	C	Fractions n'ayant pas cristallisées et présentent plusieurs taches en CCM
Hex /AE 70/30	36 – 40			
Hex /AE 65/35	41 – 45	Hex /AE 70/30		
Hex /AE 50/50	46 – 50			
Hex /AE 40/60	51 – 55	Hex /AE 50/50		
Hex /AE 45/55	56 – 60			
Hex /AE 35/65	61 – 65			
Hex /AE 25/75	66 – 70	Hex /AE 30/70		
Hex /AE 20/80	71 – 75			
Hex /AE 15/85	76 – 81	Hex /AE 20/80	D	Présence des taches parmi les quels 2 plus intenses
AE 100 %	82 – 87			
AE/MeOH 95/05	88 – 93	AE/MeOH 92,5/2,5		
AE/MeOH 90/10	94 – 99			
AE/MeOH 85/15	100 – 106	AE/MeOH 95/5		
AE/MeOH 80/20	107 – 114			
MeOH 100 %	115 – 120		D	Pâte collante

III.3.2.4.2. Traitement des séries et des fractions

- **Traitement de la série A**

Laissées à température ambiante pendant quelques heures, on observe une cristallisation dans les fractions 6-14, les cristaux obtenus ont été lavés à l'hexane puis filtrés. Ces cristaux de couleur blanche sont solubles dans le chloroforme, indexés R_a et présentent une seule tache en CCM.

- **Traitement de la série B**

La CCM effectuée sur cette série montre deux taches que nous pouvons facilement séparer des autres par chromatographie sur colonne.

Tableau XXVIII: Chromatogramme de purification de la série B

Eluant CC	Fractions	CCM	Sous-série	Observations
Hex 100 %	1 – 3	Hex 100 %	B_1	Rien
Hex /AE 95/05	4 – 11			
Hex /AE 90/10	12 – 17	Hex /AE 95/05	B_2	Formation des cristaux dans les fractions 18-31
Hex /AE 85/15	18 – 23			
Hex /AE 80/20	24 – 29	Hex /AE 80/20		
Hex /AE 75/25	30 – 34			
Hex /AE 70/30	35 – 40			
Hex /AE 65/35	41 – 45	Hex /AE 70/30	B_3	Formation des cristaux dans les fractions 47-58
Hex /AE 60/40	46 – 50			
Hex /AE 50/50	51 – 56	Hex /AE 60/40		
Hex /AE 45/55	57 – 65			
Hex /AE 40/60	66 – 70			
Hex /AE 30/70	71 – 76	Hex /AE 40/60	B_4	Traînées intenses

Les cristaux formés dans les fractions des sous-séries B_2 et B_3 de couleur blanche ont été lavés à l'AE puis filtrés. Ces cristaux sont solubles dans la pyridine, présentent une seule tache en CCM et sont indexés **R_b** et **R_c**.

- **Traitement de la série D**

L'élution de la colonne de purification a conduit aux regroupements ci-après:

Tableau XXIX: Chromatogramme de purification de la série D

Eluant CC	Fractions	CCM	Sous-série	Observations
Hex /AE 50/50	1 – 5	Hex /AE 50/50	D_1	taches très rapprochées
Hex /AE 45/55	5 – 8			
Hex /AE 40/60	9 – 13	Hex /AE 40/60		
Hex /AE 35/65	14 – 17			
Hex /AE 25/75	18 – 21	CH_2Cl_2	D_2	Cristallisation dans les fractions 21-25
Hex /AE 20/80	22 – 25			
Hex /AE 10/90	26 – 30			
AE 100%	31 – 35	CH_2Cl_2/MeOH 95/05	D_3	Tache intense
AE/MeOH 95/05	40 – 43			
AE/MeOH 90/10	44 – 48		D_4	Trainées
AE/MeOH 85/15	49 – 52	CH_2Cl_2/MeOH 92.5/7.5		
AE/MeOH 80/20	53 – 56			
MeOH 100 %	57 – 60		D_5	Pâte collante

Après quelques heures, on observe la formation des cristaux dans les fractions des sous-séries D_2 et D_3. Les cristaux obtenus ont été lavés à l'AE puis filtrés. Ces cristaux de couleur blanche sont solubles dans la pyridine et ont été indexés **R_d** et **R_e**.

CARACTERISTIQUES PHYSICO-CHIMIQUES DES COMPOSES ISOLES

DL_1: Friedeline
  Etat physique: cristaux blancs
  P.F.: 255°C
  Spectre de masse: M^+ $m/z = 426$
  Formule brute: $C_{30}H_{50}O$
  Spectre de RMN ^{13}C (75 MHz, $CDCl_3$): *voir figure 11 et tableau VII*

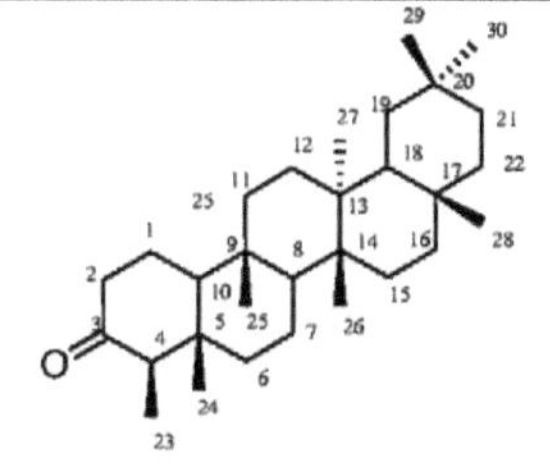

32

DL_2: Friedelane-3,7-dione
  Etat physique: cristaux blancs
  P.F.: 285°C
  Spectre de masse: M^+ $m/z = 440$
  Formule brute: $C_{30}H_{48}O_2$
  Spectre RMN ^1H (300 MHZ, $CDCl_3$): *voir figure 12*
  Spectre de RMN ^{13}C (75 MHz, $CDCl_3$): *voir tableau VII*

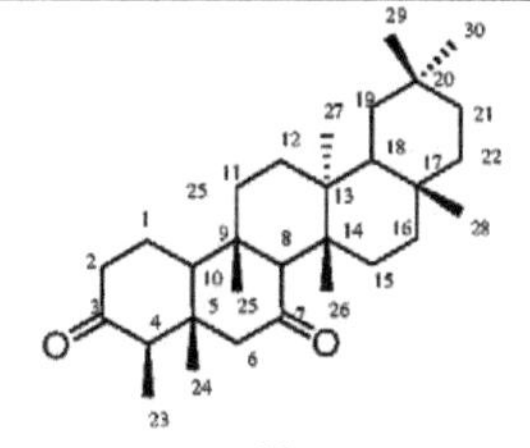

12

DL_3: Friedelane-3,15-dione
  Etat physique: poudre blanche
  Spectre de masse: M^+ $m/z = 440$
  Formule brute: $C_{30}H_{48}O_2$
  Spectre de RMN ^{13}C (75 MHz, $CDCl_3$): *voir tableau VII*

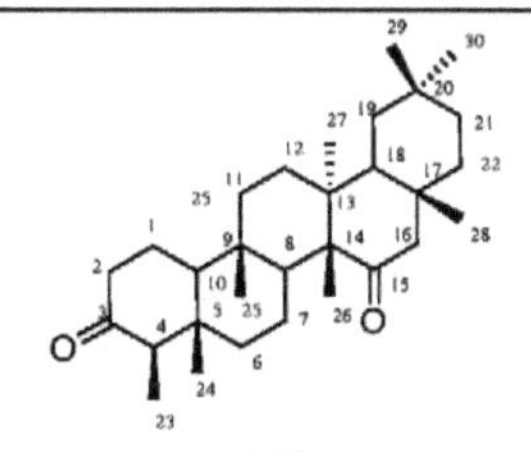

140

$DL_4 = R_a$: *β*-Stigmastérol
  Etat physique: cristaux blancs
  P.F.: 134-136°C
  Spectre de masse: $M^{+\cdot}$ $m/z = 412$
  Formule brute: $C_{29}H_{48}O$

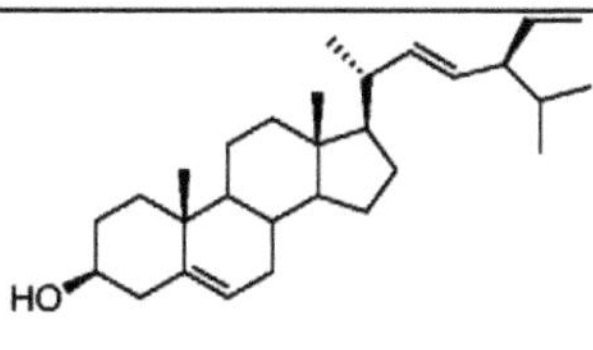

43

DL₅: Acide 3β-hydroxyoléan-12-èn-28-oïque
    Etat physique: cristaux blancs
    P.F.: 308 – 310°C
    Spectre de masse: $M^{+\cdot}$ à $m/z = 456$
    Formule brute: $C_{30}H_{48}O_3$
    Spectre de RMN ^{13}C (75 MHz, pyr.): *voir tableau VIII*

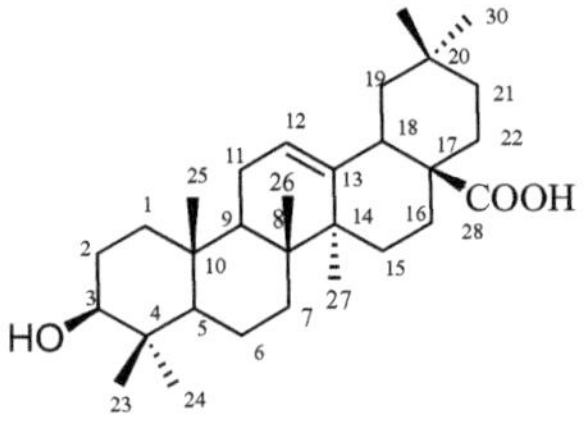

14

DL₆: Acide 3β, 22β-dihydroxyoléan-12-èn-28-oïque
    Etat physique: poudre blanche
    Spectre de masse: M^+ à $m/z = 472$
    Formule brute: $C_{30}H_{48}O_4$
    Spectre de RMN ^1H (300 MHz, CDCl₃): *voir figure.13*
    Spectre de RMN ^{13}C (75 MHz, CDCl₃): *voir figure 14 et tableau VIII*

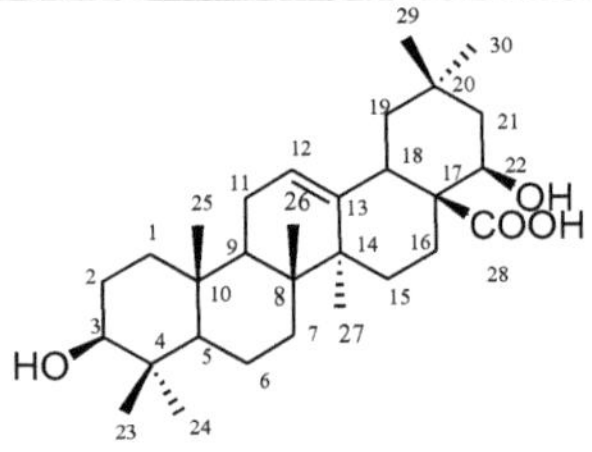

141

DL₇: 3β-hydroxyfriedelane-7,12,22-trione
    Etat physique: cristaux blancs
    P.F.: 205 – 206°C
    Spectre de masse: M^+ à $m/z = 470$: *voir figure 4*
    Formule brute: $C_{30}H_{46}O_4$
    Spectre de RMN ^1H (300 MHz, pyr.): *voir figure 5 et tableau VI*
    Spectre de RMN ^{13}C (75 MHz, pyr.): *voir figure 6 et tableau VI*

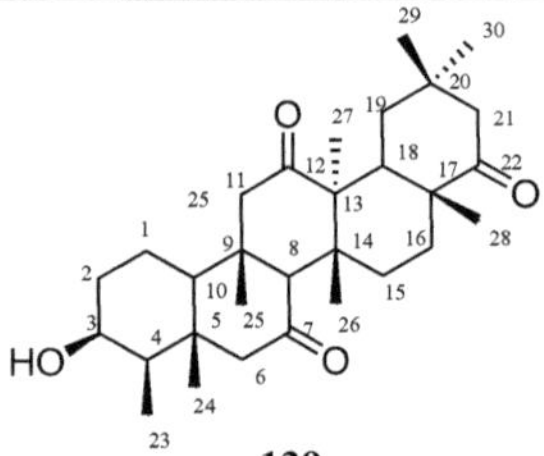

139

DL₉: 3β-hydroxyoléan-12-èn-28-*O*-β-D-glucopyranoside
    Etat physique: cristaux blancs
    P.F.: 244 – 245°C
    Spectre de masse: M^+ à $m/z = 618$
    Formule brute: $C_{36}H_{58}O_8$
    Spectre de RMN ^1H (300 MHz, DMSO): *voir figure 15*
    Spectre de RMN ^{13}C (75 MHz, DMSO): *voir figure 16 et tableau IX*

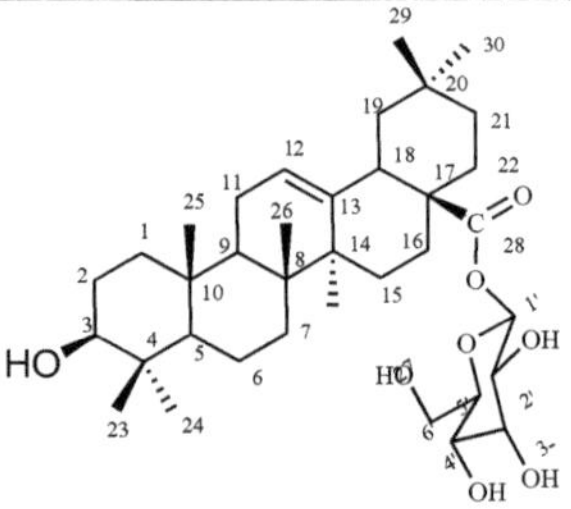

142

DL₁₀: Chikusetsusaponin IVa méthyl ester
   Etat physique: cristaux blancs
   P.F.: 233- 236°C
   SM: M^+ m/z = 808: *voir figure 17*
   Formule brute: $C_{43}H_{68}O_{14}$
   Spectre de RMN ^1H (300 MHz, pyr): *voir figure 18*
   Spectre de RMN ^{13}C (75MHz, pyr): *voir figure 19 et tableau IX*

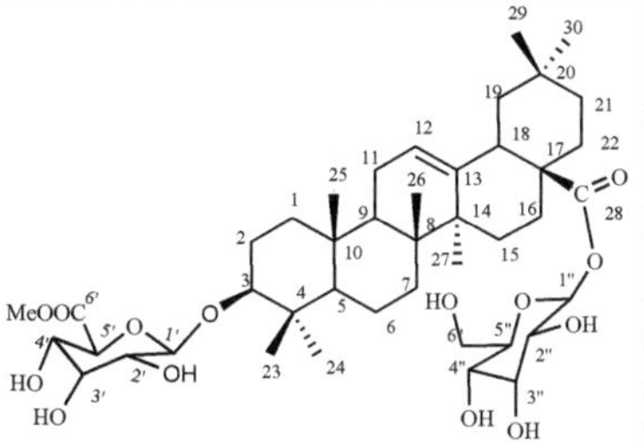

143

DL₈: mélange de 3-*O*-β-glucosylstigmastérol et 3-*O*-β-glucosyl-β-sitostérol

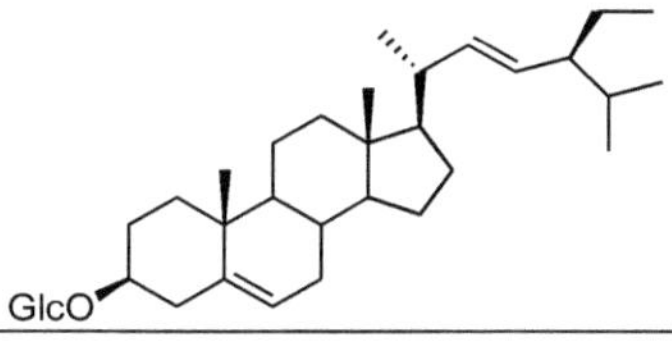

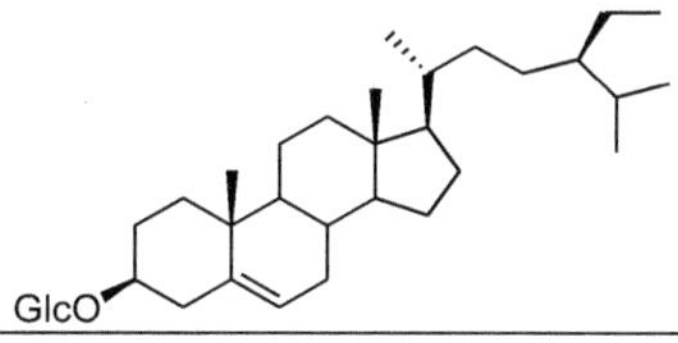

RV₁: Acide palmitique
   Etat physique: cristaux blancs
   P.F.: 79 – 80°C
   SM: M^+ m/z = 354
   Formule brute: $C_{23}H_{46}O_2$

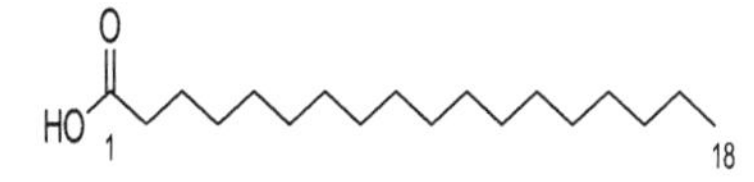

145

RV₂: Lupéol
   Etat physique: cristaux blancs
   P.F.: 215 – 216°C
   Spectre de masse: M^+ à m/z = 426
   Formule brute: $C_{30}H_{50}O$
   Spectre de RMN ^1H (75 MHz, CDCl₃): *voir figure 28*

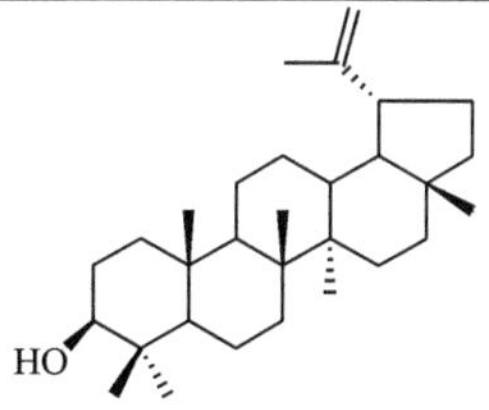

19

- R_e: mélange de 2 cérébrosides (R et S)

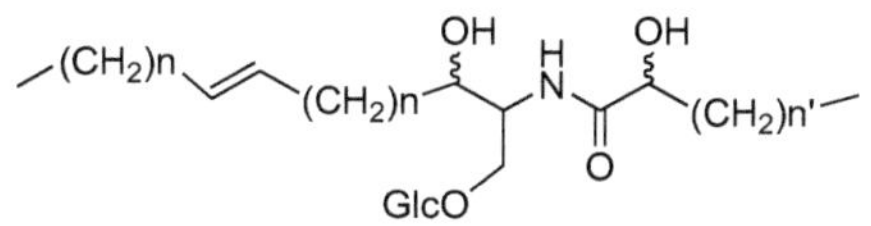

149

-

RV₃: 3β-hexadécanoyloxylup-20,29-èn-21-ol
    Etat physique: cristaux orange
    P.F.: 78°C
    Spectre de masse: M^+ à $m/z = 680$: *voir figure 21*
    Formule brute: $C_{46}H_{80}O_3$
    Spectre de RMN ^1H (300 MHz, $CDCl_3$): *voir figure 23 et tableau X*
    Spectre de RMN ^{13}C (75 MHz, $CDCl_3$): *voir figure 24 et tableau X*

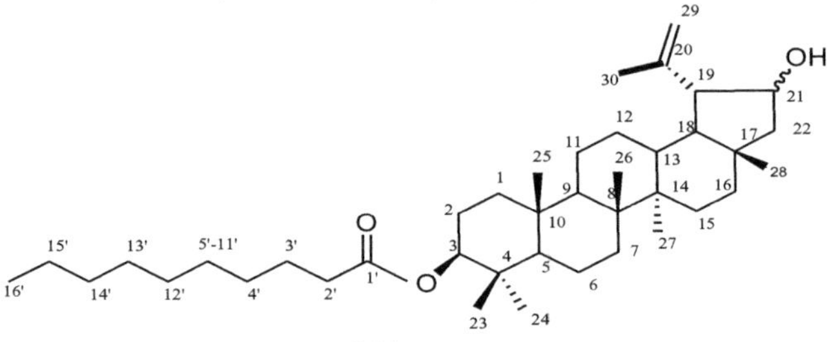

144

RV₄ = R₁=R_b: Acide 3β-hydroxylup-20,29-èn-28-oïque (acide bétulinique).
    Etat physique: cristaux blancs
    P.F.: 316-318°C
    Spectre de masse: M^+ à $m/z = 456$
    Formule brute: $C_{30}H_{48}O_3$
    Spectre de RMN ^1H (300 MHz, pyr.): *voir figure 29*
    Spectre de RMN ^{13}C (75MHz, pyr.): *voir figure 30 et tableau XI*

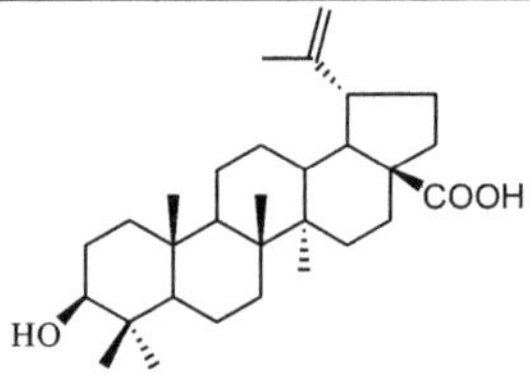

146

RV₅ = R₂: Acide 3β-hydroxyurs-12-èn-28-oïque (acide ursolique)
    Etat physique: cristaux jaunes
    P.F.: 285 - 286°C
    Spectre de masse: M^+ à $m/z = 456$
    Formule brute: $C_{30}H_{48}O_3$
    Spectre de RMN ^1H (300 MHz, DMSO): *voir figure 31*
    Spectre de RMN ^{13}C (75 MHz, DMSO): *voir figure 32 et tableau XI*

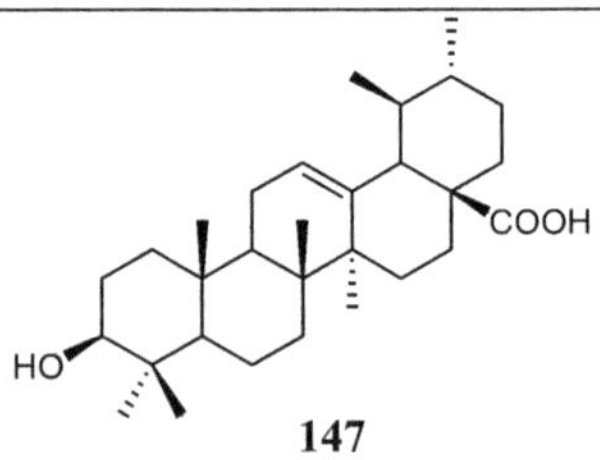

147

RV₆ = R₄: 3-*O*-β-glucosylstigmastérol
    Etat physique: cristaux blancs
    P.F.: 265 – 270°C
    Spectre de masse: M^+ m/z = 574
    Formule brute: $C_{35}H_{56}O_6$

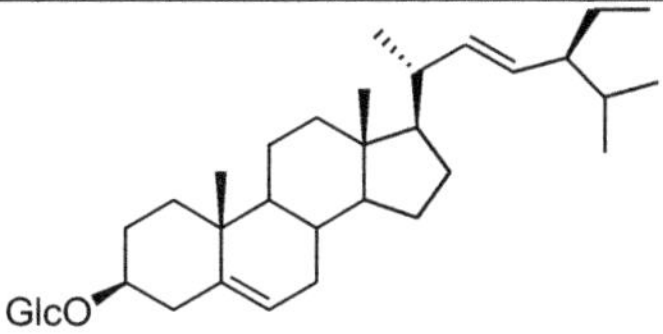

47

R₃: 19,20-didehydro-12-hydroxy-(19E)-ajmalan-17-one (mitoridine)
    Etat physique: cristaux jaunes
    Spectre de masse: M^+ à m/z = 324
    Formule brute: $C_{20}H_{24}N_2O_2$
    Spectre de RMN ^1H (300 MHz, pyr.):
voir figure 33 et tableau XII
    Spectre de RMN ^{13}C (75 MHz, pyr.):
voir figure 34 et tableau XII

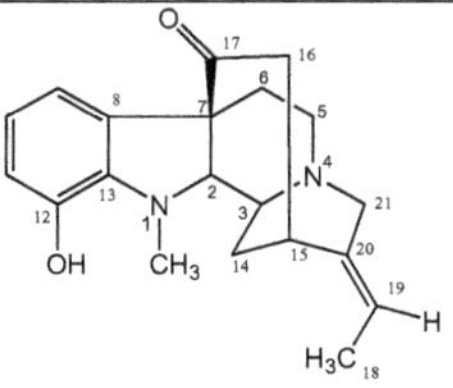

125

R_c: Isoréserpiline
    Etat physique: poudre blanche
    Spectre de masse: M^+ à m/z = 412
    Formule brute: $C_{23}H_{28}N_2O_5$
    Spectre de RMN ^1H (300 MHz, pyr.):
voir figure 35
    Spectre de RMN ^{13}C (75 MHz, pyr.):
voir figure 36

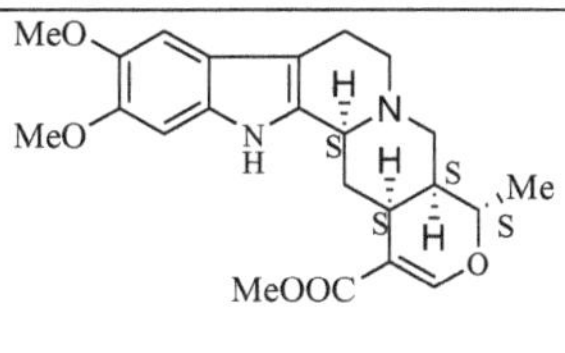

113

R_d: 12,17-diméthoxy-19,20-didehydro-(19)-ajmalan-17-one
    Etat physique: cristaux beiges
    Spectre de masse: M^+ à m/z = 354
    Formule brute: $C_{21}H_{26}N_2O_3$
    Spectre de RMN ^1H (300 MHz, pyr.):
voir figure 37
    Spectre de RMN ^{13}C (75 MHz, pyr.):
voir figure 38

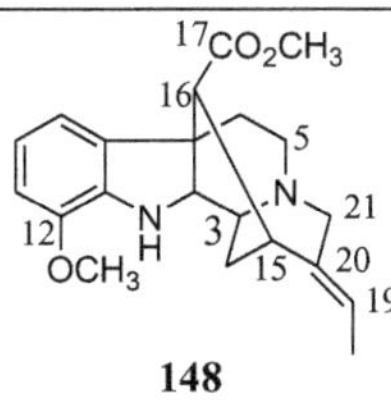

148

REFERENCES BIBLIOGRAPHIQUES

Ageta, H. and Arai, Y., (1983). Fern constituents: Pentacyclic triterpenoids isolated from *Polypodium niponicum and Polypodium fermasonum*. *Phytochemistry*, **22**, 1801-1808.

Agrawal, P. K., Thakur, R. S. and Shoolery, J. N., (1991). Application of 2D NMR spectroscopy to the structural establishment of the major hydrolysis product of aescin. *Journal of Natutal Products*, **54**, 1394-1396.

Amer, M. M. and Court, W. E., (1980). Leaf alkaloids of *Rauvolfia vomitoria*. *Phytochemistry*, **19**, 1833-1836.

Aubreville A., (1981). Flore du Cameroun, «Musée National d'Histoire Naturelle», Paris 5e.

Awanchiri, S. S., Trinh-Van-Dufat, H., Shirri, J. C., Dongfack, M. D. J., Nguenang, G. M., Boutefnouchet, S., Fomum, Z. T., Seguin, E., Verite, P., Tillequin, F. and Wandji, J., (2009). Triterpenoids and antimicrobial activity from *Drypetes inaequalis*. *Phytochemistry,* **70**, 419-423.

Balick, M. J., Cox, P. A., (1996). Plants, people and culture: The science of ethnobotany. Scientific American Library, 27-32.

Banthorpe, D. V., (1991). Classification of Terpenoids and General Procedures for their Characterization in Methods in plant Biochemistry, Terpenoids, Dey, P. M. and Harbone, J. B., Academic Press Ltd, **7**, 1-42.

Baron, S., (1996). Medical Microbiology, 4th edition, 1-17.

Berche, P., Gaillard, J. L., Simonet, M., (1988). Bacteriologie, les bactéries des infections humaines. Edition Flammarion Medecine-Sciences, Paris. 660.

Berhaut J., (1971). Flore illustrée du Sénégal, Tome I: Arcanthacées à Avicenniacées, 386 Route de Verdun, 57-Sainte-Ruffines, France.

Berhaut J., (1975). Flore illustrée du Sénégal, Tome III: Connaracées à Euphorbiacées, 386 Route de Verdun, 57-Sainte-Ruffines, France.

Boiteau, P., Pasich, B. et Ratsimamanga, A., (1964). Les triterpénoïdes en physiologie végétale et animale. Gauthier-Villars, Paris.

Bouquet, A., (1969). Féticheurs et médecines traditionnelles du Congo Brazzaville, ORSTOM, Paris, **36**, 223-225.

Bouquet, A., Debray, L., (1974). Plantes médicinales de la Côte d'Ivoire. Travaux et documents de l'ORSTOM, **32**, 83-87.

Boyd, M. R., Hallock, Y. F., Cardellina, J. H., Manfred, K. P., Blunt, J. W., Mc Mahon, J. B., Buckheit, R. W., Bringmann, G., Shaffer, M., Cragg, G. M., Thomas, D. W., Jatto, J. G., (1994). Anti-HIV mischellamines from *Ancistrocladus korupensis*. *Journal of Medicinal Chemistry*, **37**, 1740.

Bruneton, J., (1993). Pharmacognosie, Phytochimie et plantes médicinales. 2ème édition, Techniques et Documentation, Lavoisier, 199-266.

Bruneton J., (1999). Pharmacognosie, phytochimie et Plantes Médicinales. 3ème édition, Techniques et Documentation, Paris, Lavoisier.

Bruneton, J., (2009). Pharmacognosie, Phytochimie et plantes médicinales. 4ème édition, revue et augmentée, Techniques et Documentation - Editions médicinales internationales, Paris, 1288.

Cancelieri, N. M., Vieira, I. J. C., Schripsema, J., Mathias, L. and Braz-Filho, R., (2002). Darcyribeirine, a novel pentacyclic indole alkaloid from *Rauvolfia grandiflora* Mart. *Tetrahedron Letters*, **43**, 1783-1787.

Chavez, J. P., Ihnamark, D. D. S., Cruz, F. G., Jonge, M. D., (1984). Flavonoids and triterpene Ester Derivatives from *Erythoxylum leel*. *Phytochemistry*, **41**, 941-943.

Chemli, R., Babadjamian, A., Faure, R., Boukef, K., Balansaid, G. and Vidal, E., (1987). Arvensoside A and B, triterpenoids saponins from *Calendula arvensis*. *Phytochemistry*, **26**, 1785-1788.

Chen, C. H., Huang, C. F., Lee, S. S., Chen L., Karin, C. S., (1999). Chemical constituents from *Drypetes hieranensis*. *Chinese Pharmaceutical Journal* (Taipei), **51**, 75-85.

Cheng, B., Yan, J., Qiu, M., (2008). Study of the chemical constituents of *Rauvolfia vomitoria* Afzel. *Jingxi Huagong*, **25**, 37-40, 53.

Chi Shirri, J., (2006). Extractives from two Cameroonian medicinal plants: *Gambeya boukokoensis* (Sapotaceae) and *Drypetes aframensis* (Euphorbiaceae), chemical transformations and study of anticancer activity. Thèse de Doctorat/Ph.D en Chimie Organique, Université de Yaoundé I, 69-97.

Chiozem, D. D., Trinh-Van-Dufat, H., Wansi, J. D., Mbazoa Djama, C., Fannang, S. V., Seguin, E., Tillequin, F. and Wandji, J., (2009). New friedelane triterpenoids with antimicrobial activity from the stems of *Drypetes paxii*. *Chemical and Pharmaceutical Bulletin*, **57**, 1119-1122.

Cronquist, A., (1981). An integrated system of classification of flowering plants. Edition Columbia University press, New York, 1262.

Curran, J. P., Al-Salihi, F. L., (1980). Neonatal staphylococcal scalded skin syndrome: massive outbreak due to an unusual phase type. *Pediatrics*, **66**, 285-290.

Dalziel, J. M., (1937). The Useful Plants of West Tropical Africa. The crown agents for the colonies, London, 140-141.

Dayer, J. M. et Schorderet, M., (1992). Physiologie de la fièvre, de la douleur et l'inflammation; dans: Schorderet M., Pharmacologie des concepts fondamentaux aux applications thérapeutiques, Ed. Frison – Roche et Slatkine, Paris Genève, 529-540.

Delepine, M., (1954).'Sur le mot alcaloïde' et la présence d'azote dans les alcaloïdes. In Annales Pharmaceutiques françaises, Paris, Vol **XI** N° 3, 208.

Dewick, P. M., (2002). Medicinal Natural Products, a Biosynthetic Approach, 2nd edition, New York: John Wiley and Sons, 167-289.

Dongfack, J. M. D., Trinh-Van-Dufat, H., Lallemand, M. C., Wansi, J. D., Seguin. E., Tillequin, F. and Wandji, J., (2008). New triterpenoids from the stem barks of *Drypetes tessmanniana*. *Chemical and Pharmaceutical Bulletin*, **56**, 1321-1323.

Dupont, P., Leabrès, G., Delaude, Tchissambou, L. and Gastman J. P., (1997). Sterolic and triterpenoïc constituents of stem bark of *Drypetes gossweileri*. *Planta Medica*, **63**, 282-284.

Ellis, G. P., West, G. B., (1963). The Chemistry and Pharmacology of the *Rawvolfia alkaloids*. Progress in Medicinal Chemistry, R. A. Lucas. Butterworth-Heinemann, chap. 4, Vol **3**.

Fannang, S. V., Kuete, V., Mbazoa, D. C., Dongfack, J. M. D., Wansi, J. D., Tillequin, F., Seguin, E., Chosson, E., Wandji, J., (2011). A new friedelane triterpénoïd and saponin with moderate antimicrobial activity from the stems of *Drypetes laciniata*. *Chinese Chemical Letters*, **22**, 171-174.

Fannang, S. V., Kuete, V., Mbazoa, D. C., Momo J. I., Dufat, H. T. V., Tillequin, F., Seguin, E., Chosson, E., Wandji, J., (2011a). A new acylated triterpene with antimicrobial activity from the leaf of *Rauvolfia vomitoria*. *Chemistry of Natural Compounds*, **47**, 362-364.

Foley, P. B., (2003). Beans, roots and leaves: A history of the chemical therapy of parkinsonism Tectum verlag.

Françis, F., (1939). *Journal of American Chemical Society*, **61**, 557.

Furuya, T., Yutaka, D. and Hayashi, C., (1987). Triterpénoids from *Eucalyptus perriniana* culture cells. *Phytochemistry*, **26**, 715-719.

Garcia, M. D., Fernandez, M. A., Alvarez, A., Senz, M. T., (2004). Anti-nociceptive and anti-inflammatory effect of the aqueous extract from leaves of *Pimenta racemosa* Var. Ozua (Mirtaceae). *Journal of Ethno pharmacology*, **91**, 69-73.

Gaziano, J. M. and Gibson, C. M., (2006). Potential for drug-drug interactions in patients taking analgesics for mild-to-moderate pain and low-dose aspirin for cardio protection. *American Journal of Cardiology*, **97**, 23-29.

Hein, T. T., White, N. J., (1993). Drug profiles – quinghaosu. Lancet 341, 603-608.

Heron, J. F., (2008). Infections bactériennes, urgences cancérologiques. 13-18.

Heyman, D., (2004). Control of Communicable Diseases Manual, 18th Edition, Washington DC: American Public Health Assocation.

Hui-Ying, L., Nan-Jun, S., Kashiwada, Y., Sun, L., Snider, V. J., Casentino, M. L., Kuo-Hsiung, L., (1993). Anti-Aids agents 9: suberosol, a new C_{31} lanostane type triterpene and anti-HIV. Principle from *Polyalthia suberosa*. *Journal of Natural Products*, **56**, 1130.

Humbert, H., Leroy, F. J., (1976). Flore de Madagascar et des Comores, Markgraf, rue Buffon, 75005 Paris, 56-88.

Hutchinson, J. and Dalziel, J. M., (1958). "Flora of the West tropical Africa", The white flies Press Ltd, London and Tom Bridge, p. 377-383.

Hutchinson, J. and Dalziel, J. M., (1963). "Flora of the West tropical Africa", 2nd Edition. Crown agents, London.

Irvine, F. R., (1961). Woody Plants of Ghana, London, 222-227.

Itoh, A., Kumashiro, T., Yamaguchi, M., Nagakura, N., Mizushina, Y., Nishi, T., Tanhashi, (2005). 'Indoles alkaloids and others constituents of *Rauwolfia serpentina*'. *Journal of Natural Products*, **65**, 1006-1010.

Jernigan, J., Farr, B., (1993). Short-course therapy of catheter-related *Staphylococcus aureus* bacteraemia: a meta-analysis. *Annals of Internal Medicines*, **119**, 304-311.

Jyoti, M. K., Kulshreshtha, D. K., Rastogi, R. P., (1972). The triterpenoids. *Phytochemistry*, **11**, 2369-2381.

Kato, L., Braga, R. M., Koch, I. and Kinoshita, L. S., (2002). Indole alkaloids from *Rauvolfia bahiensis* A.DC. (Apocynaceae). *Phytochemistry*, **60**, 315-320.

Kenneth, T., (2008). University of Wisconsin-Madison Department of Bacteriology. Todar's Online Textbook of Bacteriology.

Kerbaum, S., Costa, J. M., Delatour, F., Faurisson, F., Girod, C., Kamoun, P., Rouveix, B., (1998). Dictionnaire de Médécine. $6^{\text{ème}}$ Ed. Flamarion, Paris, 286 et 475.

Kerharo, J., Adam, G. J. et Senghor, S. L., (1974). La pharmacopée sénégalaise Traditionelle, 402- 434.

Klayman, D. L., (1985). Quinghaosu (Artemisinin): an antimalarial drug from China. Science, 228, 1049-1055.

Kuete, V., Fotso, W. G., Ngameni, B., Mbaveng, A. T., Metuno, R., Etoa, F. X., Ngadjui, B. T., Beng, P. V., Meyer, J. J. M., Lall, N., (2007). Antimicrobial activity of the methanolic extract, fractions and compounds from the stem bark of *Irvingia gabonensis* (Ixonanthaceae). *Journal of Ethnopharmacology*, **114**, 54-60.

Kuete, V., Mbaveng, T. A., Tsaffack, M., Beng, P. V., Etoa, F. X., Nkengfack, A. E., Meyer, M. J. J., Lall, N., (2008). Antitumor, antioxydant and antimicrobial activities of *Bersama engleriana*. *Journal of Ethnopharmacology*, **115**, 494-501.

Kuete, V., Dongfack, D. M. D., Mbaveng, A. T., Lallemand, M. C., Trinh-Van-Dufat, H., Wansi, J. D., Seguin, E., Tillequin, F and Wandji, J., (2010). Antimicrobial activity of the methanolic extract and compounds from the stem bark of *Drypetes tessmanniana*. *Chinese Journal of Integrate Medicine*, **16**, 337-343.

Kuo, Y. H., Kuo, L. M. Y., (1997). Antitumour and anti-aids triterpenes from *Celastrus hindus*. *Phytochemistry*, **44**, 1275-1281.

Leeuwenberg, A. J. M., Middleton, D. J., (1995). Flora of China, Reipublik Sin Chine, 143-188.

Letouzey, R., (1982). Manuel de Botanique Forestière Afrique Tropicale, Tome 11, 157-187.

Lewis, W. H. et Elvin-Lewis, M. P. F., (2003). Botanique médicinale, Hoboken: John Wiley et Sons. PG 286

Li, L., He, H. P., Zhou, H., Hao, X. J., (2007). Indole alkaloids from *Rauwolfia vomitoria*. Tianran Chanwu Yanjiu Yu Kaifa, **19**, 235-239.

Lin, M. T., Chen, L. C., Chen, C. K., Liu, K. C. S., Chen and Lee, S. S., (2001). Chemical constituents from *Drypetes littoralis*. *Journal of Natural Products,* **64**, 707-709.

Mahato, S. B., Kundu, (1994). ^{13}C NMR Spectra of Pentacyclic Triterpenoids. A Compilation and Some Salient Features. *Phytochemistry*, **37**, 1517-1575.

Mahato, S. B., Nandy, A. K., Gita, R., (1992). Triterpenoids. *Phytochemistry*, **31**, 2199-2249.

Möhlau, R., (1882). Chemische Berichte, **15**, 2480.

Mve-Mba, C., Eyele, M. C., Bessiere, J. M., Lamaty, G., Ekekang, L. N., Denamganai T., (1997). Aromatic plants of tropical central Africa. XXIX. Benzyl isothiocyanate as major constituent of bark essential oil of *Drypetes gossweileri*, S. Moore. *Journal of Essential Oil Research*, **9**, 367-370.

Nenkep, V. N., Chi, S. J., Van-Dufat, T. H., Sipepnou, F., Verité, P., Seguin, E., Tillequin, F., Wandji, J., (2008). New flavan and unusual chalcone glucosides from *Drypetes parvifolia*. *Chinese Chemical Letters*, **19**, 943-946.

Ngouela, S., Ngoupayo, J., Noungoue, D. T., Tsamo, E., Connolly, J. D., (2003). Gossweilone. A new podocarpane Derivative from the stem bark of *Drypetes gossweileri*. *Bulletin of the Chemical Society of Ethiopia*, **17**, 181-184.

Nie, R., Morita, T., Kasai, R., Zhou, J., Wu, C., Tanaka, O., (1984). Saponins from Chinese medicinal plants (1), Isolation and structures of hemslosides. *Planta Medica*, **50**, 322-327.

Nkeh, S. C., Njamen, D., Wandji, J., Fomum, Z. T., Dongmo, A., Nguelefack, T. B., Wansi, J. D. and Kamanyi, A., (2003). Anti-inflammatory and analgesic effects of Drypemolundein A, a sesquiterpenelactone from *Drypetes molunduana*. *Pharmaceutical Biology*, **41**, 26-30.

Ogunkoya, L., (1981). Application of mass spectrometry in structural problems in triterpenes. *Phytochemistry*, **20**, 121-126.

Okome, N. M., Ayo, N. E., Bekele, J., Mkombila, (2000). Cahier d'étude et de recherche francophone/santé, **10**, 205-209

Pieri, F. et Kirkiacharian, S., (1992). Pharmacologie et Thérapeutique, 2ème Edition marketing. Editeur des préparations aux grandes écoles de Paris, 323-345.

Poisson, J., Le Hir, A., Goutarel, R., Janot, M. M., (1954). Raumitorine and seredine, two new alkaloids from the roots of *Rauwolfia vomitoria*. Compte rendu, **4**, 239-302.

Rodney, C., Toni, K. M., Norman, L. G., (2000). Natural poducts (secondary metabolites) in Biochemistry and Molecular Biology of plants by B. Buchanan, W. Gruissem, R. Jones, 1250-1318.

Roy, A., Saraf, S., (2006). Ethnomedicinal approach in Biological and Chemical investigation of phytochemicals as antimicrobials. *Pharmaceutical Reviews,* **4**, 5-10.

Salazar, G. C., Silva, G. D. F., Duarte, L. P., Vieira Filho, S. A., Lula, I. S., (2000). *Magnetic Resonance in Chemistry*, **38**, 977-980.

Schorderet, M., (1998). Pharmacologie des concepts fondamentaux aux applications thérapeutiques, 3ème édition, Genève, 345-352.

Schorderet, M., Dayer, J.M., (1992). Analgésiques, antipyrétiques, anti-inflammatoires et substances apparentées; dans: Schorderet M., Pharmacologie des concepts fondamentaux aux applications thérapeutiques, Ed. Frison roche et Slatkine, Paris, Genève, 541-562.

Sengupta, P., Ghosh, S. K., Das, S., (1997). Chemistry of the constituents of *Putranjiva roxburghii*. *Journal of the Indian Chemical Society*, **74**, 827-830.

Sheludko, Y., Gerasimenko, I., Kolshorn, H. and Stöckigt, J., (2002). New alkaloids of the sarpagine group from *Rauvolfia serpentina* hairy root culture. *Journal of Natural Products*, **65**, 1006-1010.

Shiping, F., Chunyan, H., Zhiquiang, L., Fengrui, S., Shuying, L., (1999). Application of electrospray ionisation mass spectrometry combined with sequential tandem mass spectrometry technique for the profiling of steroidal saponin mixture extracted from *Tribulus ferrestris*. *Planta Medica*, **65**, 68-73.

Singh, S., Majumdar, D. K., Rehan, H. M. S., (1996). Evaluation of anti-inflammatory potential of fixed oil of *Ocimum sanctum* (Holy-basil) and its possible mechanism of action. *Journal of Ethnopharmacology*, **54**, 19-26.

Sipahimalani, A., Noerr, H., Wagner, H., (1994). Phenylpropanoid glycosides and tetrahydrofurofuranlignan glycosides from the adaptogenic plant drugs *Tinspora cordifolia* and *Drypetes roxburghii*. *Planta Medica*, **60**, 596-597.

Stevens, A. et Lowe, J., (1997). Les réponses tissulaires aux agressions ; dans: Anatomie pathologique générale et spéciale, 1ère Ed., Deboeck and Larcier, Paris, 57-81.

Swanson, S. J., Snider, C., Braden, C. R., Boxrud, D., Wünschmann, A., Rudroff, J. A., Lockett, J., Kirk, E. S., (2007). Multidrug-resistant Salmonella enterica serotype Typhimurium associated with pet rodents. *The New England Journal of Medecine,* **356**, 21-28.

Tadeusz, A., (2007). Alkaloids - Secrets of Life: Alkaloid Chemistry, Biological significance, Applications and Ecological role. Elsevier, 111-112.

Teixeira, C. F. P., Landucci, E. C. T., Antunes, E., Chacur, M., Cury, Y., (2003). Inflammatory effects of snake venom myotoxic phospholipases A_2. *Tocicon*, **42**, 902-947.

Troupin, G., (1982). 'Flore des plantes ligneuses du Rwanda', Musée royal de l'Afrique Centrale, Tururan (Belgique), 257-258.

Van Beek, T. A., Verpoorte, R., Svendsen, A. B., Leeeuwenberg, A. J. M., Bisset, N. G., (1984). *Tabernaemontana* L. (Apocynaceae): A review of its taxonomy, phytochemistry, Ethnobotany and Pharmacology. *Journal of Ethnopharmacology*, **10**, 1-156.

Wachsmuth, O. and Matusch, R., (2002). Anhydronium bases from *Rauvolfia serpentine*. *Phytochemistry*, **61**, 705-709.

Walker, A. R., Sillans, R. et Trochain, J. L., (1961). Les plantes utiles du Gabon, 165-166.

Wandji, J., Wansi, J. D., Feundjiep, V., Dagne, Mulholland, D. A., Tillequin, F., Fomum, Z. T., Sondengam, B. L., Nkeh, B. C. and Njamen, D., (2000). Sesquiterpene Lactone and Fridelane Derivative from *Drypetes molunduana*. *Phytochemistry*, **54**, 811-815.

Wandji, J., Tillequin, F., Mulholland, D. A., Temgoua, A. D., Wansi, J. D., Seguin, E., Fomum, Z. T., (2003). Phenolic constituents from *Drypetes armoracia*. *Phytochemistry*, **63**, 453-456.

Wansi, J. D., (2000). Contribution à l'étude phytochimique de deux plantes médicinales du Cameroun: *Gambeya africana* (Sapotacées) et *Drypetes molunduanana* (Euphorbiacées). Thèse de Doctorat de troisième cycle, Université de Yaoundé I, 29.

Wansi, J. D., (2005). Etude phytochimique et pharmacologique de deux plantes médicinales camerounaises: *Oriciopsis glaberrima* (Rutacées) et *Drypetes chevalieri* (Euphorbiacées). Synthèse d'analogues structuraux de l'acridone. Thèse de Doctorat d'Etat en Chimie Organique, Université de Yaoundé I, 84.

Wansi, J. D., Wandji, J., Kamdem, W. A. F., Ndom, J. C., Ngeufa, H. E., Chiozem D. D., Shiri, C. J., Tsabang, N., Iqbal, M. C., Tillequin, F. and Fomum, Z. T., (2005), Triterpenoids from *Drypetes chevalieri* Beille. *Natural Product Research,* **20**, 586-592.

Wansi, J. D., Wandji, J., Lallemand, M. C., Chiozem, D. D., Iqbal, M. C., Tillequin, F. and Fomum T. Z., (2007). Antileishmanial Furanosesquiterpene and Triterpenoids from *Drypetes chevalieri* Beille (Euphorbiaceae). BLACPMA, **6**, 5-10.

Weiss, R.. F. and Fintelmann, V., (1999). Auflage, Hippocrates Verlag, Stuttgart. Lehrbuch der Phytotherapie, **9**.

Wilson, R. G. and Williams, D. H., (1969). Solvent shifts induced by benzene in triterpenes as an aid to structure elucidation. *Tetrahedron*, **25**, 155-162.

Winter, C. A., Risley, F. A. and Nuss, G. W., (1962). Carrageenin induced oedema in hand paw of the rat as assays anti-inflammatory drugs. *Proceedings of the Society for Experimental Biology and Medecine*, **111**, 544-547.

Wright, C. W., Phillipson, J. D., Awe, S. O., Kirby, G. C., Warhurst, D. C., Quetin-Leclercq, J., Angenot, L., (1996). Antimalarial activity of cryptolepine and some other anhydronium bases. *Phytotherapy*, **10**, 361-363.

Oui, je veux morebooks!

I want morebooks!

Buy your books fast and straightforward online - at one of the world's fastest growing online book stores! Environmentally sound due to Print-on-Demand technologies.

Buy your books online at
www.get-morebooks.com

Achetez vos livres en ligne, vite et bien, sur l'une des librairies en ligne les plus performantes au monde!
En protégeant nos ressources et notre environnement grâce à l'impression à la demande.

La librairie en ligne pour acheter plus vite
www.morebooks.fr

VDM Verlagsservicegesellschaft mbH
Heinrich-Böcking-Str. 6-8   info@vdm-vsg.de
D - 66121 Saarbrücken   Telefax: +49 681 93 81 567-9   www.vdm-vsg.de

Printed by Books on Demand GmbH, Norderstedt / Germany